正交车铣运动学和动力学关键技术研究

秦录芳　孙　涛　著

中国矿业大学出版社
·徐州·

内 容 提 要

本书面向正交车铣加工表面形貌的表征、切削层理论模型建立及切削力的预测、基于完全离散法的加工稳定性的理论与方法等关键科学问题开展深入和系统研究,提出掌握正交车铣加工表面形貌变化规律及表面粗糙度预测的理论与方法,建立车铣不同切削层几何形状数学模型及相应的切削力数学模型,确定车铣颤振稳定性模型和绘制稳定性叶瓣图。同时,以上述研究结果为理论支撑,以 TC21 钛合金为加工试验对象,探讨 TC21 钛合金正交车铣的切削加工性,揭示 TC21 钛合金正交车铣的加工机理,优化 TC21 钛合金正交车铣的切削参数,验证了正交车铣在以 TC21 钛合金为代表的高强韧性难加工材料上的加工优势。

本书可为从事切削加工工艺、高效精密加工等领域的专业工作者提供参考,也可供机械制造及其自动化专业的研究生学习参考。

图书在版编目(C I P)数据

正交车铣运动学和动力学关键技术研究/秦录芳,

孙涛著. —徐州:中国矿业大学出版社,2022.11

ISBN 978 - 7 - 5646 - 5593 - 8

Ⅰ. ①正… Ⅱ. ①秦… ②孙… Ⅲ. ①数控机床—车

削—铣削—切削力—研究 Ⅳ. ①TG519.1②TG547

中国版本图书馆 CIP 数据核字(2022)第205450号

书　　　名	正交车铣运动学和动力学关键技术研究
著　　　者	秦录芳　孙　涛
责任编辑	何　戈
出版发行	中国矿业大学出版社有限责任公司
	(江苏省徐州市解放南路　邮编221008)
营销热线	(0516)83884103　83885105
出版服务	(0516)83995789　83884920
网　　　址	http://www.cumtp.com　**E-mail**:cumtpvip@cumtp.com
印　　　刷	广东虎彩云印刷有限公司
开　　　本	787 mm×1092 mm　1/16　印张 11　字数 207 千字
版次印次	2022 年 11 月第 1 版　2022 年 11 月第 1 次印刷
定　　　价	32.00 元

(图书出现印装质量问题,本社负责调换)

前　言

正交车铣加工技术是德国学者 Schulz(舒尔兹)在 20 世纪 90 年代提出的,发展至今,其已经成为充分适应数控技术条件的一种高新切削技术。正交车铣加工技术是利用铣刀和工件旋转的合成运动来实现对工件的切削加工,使工件在形状精度、位置精度、表面粗糙度及残余应力等多方面达到使用要求的一种先进切削加工方法,广泛应用于难加工材料、细长轴、薄壁件和叶片等回转体零件的加工。

车铣加工技术虽然在难加工材料和特殊结构件的加工中得到了广泛的应用,但由于车铣加工涉及的切削参数较多,而使得探究这些参数和车铣加工效果(车铣加工效率、刀具耐用度和加工表面质量)的内因变得较为困难。为发掘车铣加工技术的优势、扩宽其使用范围提供理论基础,本书针对正交车铣加工研究存在的三点关键科学问题(① 未开展正交车铣微观形貌的仿真研究,无法预测车铣加工表面粗糙度;② 未明确正交车铣切削层几何形状的变化种类,对正交车铣切削层几何形状未给出完整的解析模型,从而无法对正交车铣切削力进行准确预测;③ 正交车铣加工颤振的常用求解方法不完全适用于车铣加工的实际情况),深入开展正交车铣运动学和动力学关键技术研究,具体研究内容如下:

(1)正交车铣加工表面形貌研究。确定了偏心量、铣刀轴向进给量、转速比和齿数的选定规则。通过正交车铣加工表面的横截面图形构造函数,建立了正交车铣加工表面宏观形貌的曲线轮廓解析模型,确定了宏观形貌的仿真算法,分析了切削参数对宏观形貌的影响规律。在建立刀具坐标系下刀刃的解析模型以及工件坐标系下工件、刀刃的解析模型的基础上,确定了微观形貌的仿真算法,进行了试验验证和仿真分析,预测了正交车铣微观形貌和加工表面粗糙度的变化。该研究内容在保证合理表面形貌和表面粗糙度的前提下,为正交车铣切削参数的优选提供了理论依据和指导。

(2)正交车铣切削层几何形状建模与仿真研究。根据正交车铣的运动规律和刀具底刃的位置,提出了正交车铣切削层三种几何形状的判断方法。根据正交车铣切削层三种几何形状的形成过程,建立了相应切削层几何形状的解析模型,包括切入/切出角、侧刃/底刃切削厚度和侧刃/底刃切削深度,并通过切削层和切屑实物、最大切削深度和体积的对比试验,验证了正交车铣切削层解析模型的正确性。该研究内容为正交车铣切削层几何形状的变化提供了定量分析依据,为正交车铣切削力的仿真提供了理论基础。

(3)正交车铣切削力及加工稳定性仿真与分析。基于正交车铣切削层几何形状的解析模型,建立了正交车铣切削力解析模型,对正交车铣切削力进行了仿真和验证,分析了切削参数对正交车铣切削力的影响规律。基于再生颤振理论,建立了正交车铣动态切削力解析模型,采用完全离散法进行了正交车铣颤振稳定性建模与仿真,绘制了正交车铣加工过程的稳定性叶瓣图,分析了轴向进给量对正交车铣加工稳定性的影响。该研究内容从降低切削力和切削力波动、提高刀具耐用度的角度出发,优选了正交车铣切削参数。

(4)TC21损伤容限型钛合金正交车铣的切削加工性研究。通过刀具磨损试验,确定了TC21钛合金正交车铣的优化参数。利用扫描电镜和能谱分析的手段,分析了正交车铣刀具的磨损机理。从刀具耐用度和加工表面完整性两个方面,对TC21钛合金车削和正交车铣的结果进行了对比和分析,探讨TC21钛合金正交车铣的切削加工性。该研究内容分析和验证了正交车铣在以 TC21 钛合金为代表的高强韧性难加工材料上的加工优势。

　　本书由徐州工程学院秦录芳和孙涛共同撰写,其中秦录芳副教授负责第 2 章到第 5 章的撰写,孙涛教授负责第 1 章和第 6 章的撰写。本书得到江苏省高等学校自然科学研究重大项目(项目编号:19KJA560007)和徐州工程学院学术著作出版基金的资助,在此表示衷心的感谢。由于水平有限,书中难免存在疏漏,敬请各位读者和同仁批评指正。

著　者

2022 年 6 月

目　　录

1 绪 论

1.1 车铣加工的分类

车铣加工技术是德国学者 Schulz 在 20 世纪 90 年代提出的,发展至今,其已经成为充分适应数控技术条件的一种高新切削技术。车铣加工技术是利用铣刀和工件旋转的合成运动来实现对工件的切削加工,使工件在形状精度、位置精度、表面粗糙度及残余应力等多方面达到使用要求的一种先进切削加工方法。

车铣加工通过刀具的旋转、刀具的轴向运动和工件的旋转三个基本运动的合成完成轴类零件的加工,按铣刀与工件的相对位置分为轴向、正切和正交车铣,如图 1-1 所示。轴向车铣由于受到刀具长度的限制,所以加工行程不长;正切车铣由于受到刀具长度的限制,所以一般适合于直径较小的细长轴类零件的加工;正交车铣的铣刀回转轴线与工件的回转轴线相互垂直,是加工大型回转体和细长轴类零件的一种高效方法,由于其不受工件直径、长度的限制,所以应用最为广泛。

二十多年来,国内外学者在运动原理、切屑形貌、切削动力学和加工质量等方面对车铣加工技术进行了不断的探索和研究,相继发表的研究成果表明,车铣加工技术具有如下特点:易于排屑,适合数控自动加工;间断切削利于冷却降温,适用于加工导热系数小的难加工材料;相较于车削,径向力下降有利于加工细长杆和薄壁件;通过工件的低速旋转和铣刀的高速旋转,

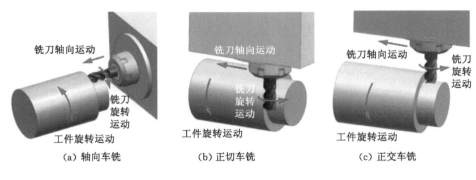

图 1-1 车铣加工的主要运动

在降低工件离心力的前提下实现了工件的高速加工,适合于大型回转类零件的加工;在高进给量的条件下仍可实现较低的表面粗糙度值,且加工表面质量优于车削,是一种典型的高效精密加工方法[1-7]。

鉴于车铣加工技术的工艺优势,现阶段车铣加工技术在航空零部件加工中得到了广泛的应用。

1.2 车铣加工技术在航空零部件加工中的应用现状

为满足超高速、高空、长航时、超远航程的新一代飞行器的需要,高强度钢、钛合金、镍基高温合金等难加工材料在航空零部件中所占的比例越来越大,同时采用此类难加工材料的零件要求的加工精度也越来越高,这就对制造技术提出了更高的要求。尤其对于细长杆、机匣、起落架、叶片等一些具有特殊结构特性的回转类零件,由于其存在材料切削加工性差、加工易变形、加工精度要求高而难以保证等问题,采用传统的切削加工方法已难以完全胜任此类零件高效精密加工的技术需求,而车铣加工技术的出现在一定程度上满足了此类零件的加工需求。

1.2.1 难加工材料的车铣加工

车铣加工技术是否适合于难加工材料加工的研究对于车铣加工技术的推广具有重要的意义。国内外学者对车铣加工难加工材料进行了大量的试验研究,确认了车铣加工技术适用于难加工材料切削的优越性,扩大了车铣加工的应用范围。

1.2.1.1　高强度钢的车铣加工

在车铣加工技术领域具有开创性的代表人物是 Schulz[8-9],其在首先提出车铣加工概念的同时,采用硬质合金 P20/30(对应于我国的 YT14/5 牌号)、CBN 和复合陶瓷涂层(Al_2O_3＋TiC)刀具对 100Cr6 轴承钢(≥62HRC)进行轴向车铣加工,进行了刀具磨损、表面粗糙度、表面形貌试验,结果表明车铣加工可以在工件低速旋转条件下实现高速切削,且断屑容易;其表面粗糙度值远小于车削,加工表面粗糙度 Ra 小于 $0.5~\mu m$,Rz 小于 $2~\mu m$,可媲美磨削。Schulz 的研究成果提供了一种新的可替代车削的加工方式,尤其适用于车削后需要磨削的零件。同时,其研究成果也为车铣加工技术在难加工材料、大型回转类零件,以及薄壁类等零部件加工上的应用提供了思路和借鉴。

我国学者对于不同刀具材料、不同切削条件下车铣加工高强度钢的刀具磨损规律和机理进行了大量的试验研究工作。结论如下[10-14]:

对于涂层刀具来说,采用干切削的刀具耐用度大大高于采用水溶乳化液冷却的刀具。这是由于水溶乳化液冷却时高频交变热应力较大,涂层剥落较快;干式切削时,高频交变热应力较小,虽在涂层表面有微裂纹产生,但涂层不易剥落,刀具耐磨性较好。正交车铣高强度钢时,刀具磨损规律与铣刀速度有很大关系,刀具磨损随铣刀速度的提高而加剧。同时,高速正交车铣高强度钢时,不论湿式切削,还是干式切削,刀具的主要磨损形态都是后刀面磨损。正交车铣的刀具磨损机理与铣刀速度、刀具材料、工件材料和冷却条件有很大关系,各种磨损机理在于不同的切削条件相互影响、相互作用。

1.2.1.2　钛合金的车铣加工

姜增辉等[15-16]采用 TiAlN 涂层硬质合金刀具对 TC4 钛合金的轴向车铣研究表明:顺铣的刀具耐用度要高于逆铣,刀具磨损速度随着切削速度的增大而增大,且磨损主要发生在刀尖刃口与后刀面处,刀具磨损形式以黏结磨损为主。切削速度在 $50\sim150~m/min$ 范围内对已加工表面粗糙度没用明显的影响,每齿进给量从 $0.05~mm$ 增加到 $0.15~mm$,已加工表面粗糙度明显增大。石莉等[17-19]对比了无涂层和 TiAlN 涂层硬质合金刀具正交车铣 TC4 的刀具耐用度情况,表明逆铣时刀具和工件摩擦、挤压严重,切削刃处容易积累大量切削热,加上刀具的切入和切出,使刀片承受交变载荷从而在切削液的作用下产生微裂纹,而采用无涂层硬质合金刀具在顺铣干切条件下可以延缓刀具磨损、提高刀具耐用度。

潘靖宇等[20]在建立正交车铣加工表面粗糙度理论模型的基础上,对 TC9 钛合金进行试验验证,通过增大转速比和偏心量以及降低轴向进给量,可以保证表面粗糙度 Ra 控制在 1 μm 以内,这表明正交车铣完全可以实现钛合金的精密加工。

1.2.1.3 镍基高温合金的车铣加工

Denkena[21]着重考察了冷却润滑方式对车铣加工难加工材料的切削加工性的影响,采用硬质合金刀具对比了常规浇注冷却车削、干式正交车铣、常规浇注冷却正交车铣、微量润滑技术(MQL)正交车铣四种方式下加工 Inconel 718 镍基高温合金的刀具磨损过程。试验结果表明,刀具耐用度大小的关系是:MQL 正交车铣＞常规浇注冷却正交车铣＞干式正交车铣＞常规浇注冷却车削,且 MQL 正交车铣的刀具耐用度约是常规浇注冷却车削的 3.5 倍;研究成果还表明,车铣加工由于其断续切削的方式而更利于排屑和降温,有利于降低切削温度,减缓刀具的磨损;同时配合合适的冷却方式,可以大幅度提高刀具耐用度。该研究为车铣加工在导热率低、切削温度高的钛合金、高温合金等难加工材料上的应用提供了参考。

Boozarpoor 等[22]分析了正交车铣切削参数对 Inconel 718 镍基高温合金工件已加工表面粗糙度和残余应力的影响规律,通过方差分析得出进给量的影响最大,并以材料去除率为约束条件获得优化的切削参数。Berenji 等[23]通过对 Waspaloy 镍基高温合金进行车削和正交车铣切削试验,对比了两者的加工表面质量、切削时间和成本,结果表明:与车削相比,正交车铣可获得更好的加工表面质量、刀具寿命和加工生产率。

1.2.2 细长轴零件的车铣加工

通常称长径比大于 25 的轴为细长轴。细长轴零件的加工特点是径向刚度低,加工过程中容易产生径向振动。同时,航空等行业中所需的细长轴零件的径向尺寸和形状精度及表面粗糙度的要求又很高,故其加工一直是机械加工中的难点之一。为解决以上问题,跟刀架车削法、夹拉车削法、反向车削法、砂带磨削法、双刀车削法等工艺方法和自动控制理论被用于加工细长轴零件,但依然无法很好解决细长轴零件高效精密加工的问题。

根据不同的材料确保合适的切削速度是保证工件加工质量的有效方法,但是对于细长轴零件来说,由于其直径很小,采用车削加工的方法会造成工件转速很高,从而造成离心力和振动增大。如:加工直径 1 mm 的铝合金细长轴,按照铝合金推荐的最低切削速度 500 m/min 计算,工件转速需达到 159 235 r/min,这在实际生产中根本无法实现。而采用车铣加工的方式可以在工件转速很低的情况下,实现高速加工。如:上述的工件,在工件转速 2 r/min 的条件下,采用直径 5 mm 的铣刀和推荐的参数,铣刀转速需达到 31 847 r/min,这在实际生产中是可以实现的。

现阶段,通过切削力、颤振和强迫振动仿真与分析,以及各种加工质量预测与优化方法研究,为进一步提高车铣加工细长轴零件的加工质量提供了强有力的技术支撑,从而促使车铣加工技术更加广泛地应用于细长轴零件的实际生产。目前,车铣加工技术在细长轴零件的应用主要包括常规细长轴(简称细长轴)和微小型细长轴。

现有的试验研究表明,细长轴的加工采用车铣加工方式比车削具有更小的表面粗糙度值和更高的加工精度。祝孟琪等[24]通过单因素实验法对长径比为 300/10 的不锈钢细长轴的正交车铣加工参数进行优化,在优化的加工参数下进行了正向和反向的车铣加工试验,试验结果表明,反向切削时,车铣力的轴向分力使细长轴工件受拉,相当于增加了细长轴的刚度,所以反向车铣时可获得较高的加工质量(表面粗糙度 Ra 为 0.458 μm,尺寸误差小于 0.015 μm)。

微小型细长轴是微小型零件的典型结构之一,而微小型零件是指几何特征尺寸介于 0.01~10 mm 范围内的零件,国际上也称为微米和中间尺度零件。张之敬等[25-27]基于自主研制的微小型车铣机床对微小型细长轴零件的车铣加工的切削力和颤振机理进行了深入研究。目前,已经可以加工长径比约为 60 的微小型细长轴,其加工质量远好于车削。

由于微细车铣在切削机理上与传统车铣存在很大差别,对于微小型细长轴来说,随着结构尺寸的"微米化",其尺寸效应愈发明显,造成传统切削经验公式无法预测微小型细长轴的加工表面粗糙度。金成哲等[28]通过对传统 BP 神经网络进行附加动量项和自适应学习率的改进,实现了正交车铣微小型细长轴的表面粗糙度值精确预测。

微细丝杆作为一种更为典型的微小型零件,其加工难度超过同类零件——微小型细长轴。金成哲等[29]通过对直径 3 mm 的微细丝杆进行正交车铣试验研究,分析了刀具磨损的原因,揭示了铣刀转速和进给量对加工表面粗糙度的影响规律,即随着转速比的增大和进给量的降低,表面粗糙度下降。结果表明:在铣刀转速 120 000 r/min、工件转速 3 r/min、切削深度 0.05 mm、轴向进给量 0.8 mm/r 的条件下,表面粗糙度值最小,约为 0.4 μm,表明车铣加工能够实现微细丝杆的高效精密加工。

车铣加工技术在微小型细长轴的应用和发展,为航空领域及其他领域中微小型零件的加工提供了技术支持,为机械部件微小型化的发展提供了新的思路。

1.2.3 其他典型零部件的车铣加工

薄壁回转体零件(简称薄壁回转体)由于存在刚度差和加工过程中力变形、热变形比较严重的特点,加工变形严重,所以其加工一直是机械加工的难点之一。车铣加工相对于车削具有很小的切削力和较低切削温度且多刃切削过程平稳,因此更加适合于薄壁回转体的加工。目前,我国的某型号航空发动机机匣的外形面已经采用偏心正交车铣加工技术[30],能有效避免刀具零转速点接触零件,从而改善加工质量、提高加工效率,如图 1-2 所示。

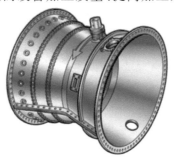

图 1-2　机匣的车铣加工

现阶段,车铣加工已经在许多航空零部件的加工中得到了应用,如起落架、转动梁、叶片和各种接头等。对于起落架和转动梁等直径较小的外圆(相当于矩形沟槽)来说,由于传统的加工工艺需要以左偏刀和右偏刀分别进行车削加工,加工效率低下且加工表面有刀具接痕。而采用正交车铣的加工方式,一把刀具即可完成加工内容,加工效率大幅度提高且加工质量良好,如图 1-3 和图 1-4 所示[31-32]。

图 1-3　转动梁的车铣加工

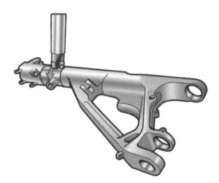

(a) 车铣加工示意图

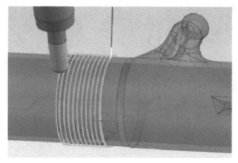

(b) 车铣加工的刀具路径

图 1-4　起落架的车铣加工

目前,涡轮叶片已普遍采用正交车铣的加工方式,以表面粗糙度为优化目标,优选了刀具角度和刀轨路径,如图 1-5 所示[33-34]。同时,曲轴加工采用正交车铣加工方式,可实现一次装夹完成曲轴的半精加工和精加工,以此来取代传统加工中以车削(或铣削)半精加工再以磨削进行最终精加工的方法,如图 1-6 所示[35]。

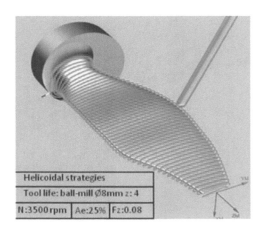

图 1-5 涡轮叶片的车铣加工

图 1-6 曲轴的车铣加工

1.3 车铣加工技术的研究现状

车铣加工技术虽然在难加工材料和特殊结构件的加工中得到了广泛的应用,但由于车铣加工涉及的切削参数较多,而使得探究这些参数和车铣加工效果(车铣加工效率、刀具耐用度和加工表面质量)的内因变得较为困难。

为了给发掘车铣加工技术的优势、扩宽其使用范围提供理论基础,国内外学者围绕车铣加工表面形貌、切削层形貌和切削力、加工稳定性等一些车铣加工运动学和动力学的关键科学问题展开了大量卓有成效的研究。

1.3.1 车铣加工表面形貌

在车铣加工表面形貌的研究方面,国内外学者从试验和仿真两个方面对车铣加工形貌进行表征。Pogacnik 等[36]对车铣切入/切出条件进行了模拟试验和优化,获得了车铣加工部分参数对加工动态稳定性和表面粗糙度的影响规律。Choudhury 等[37]的研究证明,正交车铣的加工表面粗糙度值优于传统的车削和铣削。金成哲等[38]采用正交试验法,通过回归分析,建立了正交车铣加工表面粗糙度的预测模型。上述研究通过试验方法对车铣加工参数进行了优化,但其所考虑的加工参数较少,正交车铣加工表面粗糙度变化规律的本质难以被全面揭示。为解决上述问题,一些学者通过仿真的手段揭示正交车铣加工表面形貌变化的规律,以明确正交车铣加工表面粗糙度的变化规律。Niu 等[39]基于图像分形维数估计的盒维数法对正交车铣的表面粗糙度进行预测,此方式适于细长杆零件且涉及的切削参数较少。姜增辉等[40]、Yuan 等[41]、Zhu 等[42]根据工件和铣刀的共同运动采用包络原理对加工表面宏观形貌进行仿真。此类仿真方法在未考虑正交车铣重要的切削参数(偏心量 e)的情况下,以轴向进给量 f_a 作为最小单位,而正交车铣实际加工时 f_a 取值较大,此时仿真的区域很大,所以此类方法仿真的表面形貌可以认为是正交车铣加工表面的宏观形貌,反映的是正交车铣表面的形位公差——圆度和圆柱度。铣刀在正交车铣加工表面遗留的刀痕轨迹可以认为是正交车铣加工表面的微观形貌,其变化情况直接反映了表面粗糙度值,而上述方法未考虑刀痕在加工表面形貌中的影响,因此不能全面预测表面粗糙度的变化情况。

由上述文献可知,作为衡量加工质量的重要指标,车铣加工表面形貌应包括宏观形貌和微观形貌两方面,但针对车铣加工微观形貌的仿真未引起足够重视,因此包含宏观形貌和微观形貌的正交车铣加工表面形貌的表征还需重点研究。

1.3.2　车铣切削层形貌和切削力

车铣的切屑形状有别于车削和铣削且不同的车铣切屑形状会对切削力产生较大的影响,因此车铣切削力的变化机理也和车削、铣削大相径庭。为明确车铣切屑形状和切削力的变化内因,国内外学者集中在车铣切屑形成机理、车铣切削层形貌建模、车铣切削力仿真三个方面进行了大量研究。

在车铣切屑形成机理方面,金成哲等[43]和 Zhu 等[44]对车铣加工切屑形貌的试验研究表明,车铣切屑形貌呈变切厚和变切深的特点且其变化规律复杂,这为研究车铣加工切屑的变化规律提供了定性的指导依据,但无法探究车铣加工参数与切屑形貌变化之间的关系。为解决此问题,很多学者对车铣加工的切削层几何形状进行了解析建模和仿真。朱立达等[45]、Crichigno[46]、Karagüzel 等[47]、Kara 等[48]基于车铣切削理论建立了无偏心和偏心的切削层几何形状解析模型,从而分别获得圆周刃、端面刃的车铣切削层厚度和深度的解析模型,为车铣切削力的仿真研究提供了理论基础和参考依据。邱文旺等[49]通过对刀刃轨迹进行近似,推导了几种不同形状面铣刀的车铣切削层厚度的统一公式,在只考虑切削层厚度的情况下进行了切削力的仿真。上述方法没有考虑车铣切削层几何形状的变化种类,难以全面反映车铣切削层几何形状的变化规律和解析模型。

在车铣切削力研究方面,由于车铣切削参数较多,通过正交试验进行回归分析从而建立车铣切削力的预测模型会存在较大误差,所以目前普遍采用基于车铣切削层几何形状建模进行切削力仿真。姜增辉等[50]把铣刀划分为两个区域,即圆周刃和端面刃切削区,通过圆周刃和端面刃的切削厚度和深度建模,研究表明,车铣瞬时切削力由圆周刃和端面刃瞬时切削力共同合成,多个加工参数都会对其切削力产生影响。该研究成果为车铣加工切削力的后续研究奠定了基础,但其未关注偏心正交车铣的切削力,且该理论切削力也没有反映各切削分力的变化。为解决此类问题,朱立达等[51]、闫蓉等[52]、Karagüzel 等[47]、Qiu 等[53]在建立一种车铣切削层几何形状解析模型的基础上,通过车铣切削力的建模及试验验证,最终通过仿真预测了切削参数对车铣切削力的影响规律。上述方法是建立在切削层几何形状解析模型的基础上的,由于没有考虑正交车铣切削层几何形状的种类变化,所以无法全面反映正交车铣切削力的变化规律,也无法明确正交车铣刀具耐用度的变化规律。

由上述文献可知,全面准确预测切削力有助于提高加工质量、刀具耐用度和加工效率,但影响切削力变化内因的车铣切削层几何形状种类的归纳方法及其相应的数学建模鲜有报道,还需重点研究。

1.3.3　车铣加工稳定性

车铣加工和车削及铣削一样,也会产生颤振,从而严重影响刀具耐用度和加工表面质量,对于弱刚性的零件(如细长轴和薄壁回转件)更是如此。张之敬等[25]针对微小型无偏正交车铣加工,在未考虑动态切削深度的变化的情况下建立了车铣的非线性延时微分方程组(DDEs),对车铣模型的DDEs进行线性化并利用 Floquet(弗洛凯)理论对其分析得到了车铣加工的颤振频率,预测了车铣的加工稳定性。对于微小轴加工,切削层切削深度的变化很小,对于预测精度的影响甚小。但对于中大型轴类零件的车铣加工,动态切削深度的变化对预测精度的影响较大,必须予以考虑。朱立达等[54]、关跃奇等[55]考虑了正交车铣切削层变切厚和变切深的三维形貌特点,采用解析法仿真分析了车铣偏心加工颤振稳定域叶瓣图。但在车铣加工过程中,当工件直径较小时(如细长杆),铣刀轴向进给量 f_a 较小则刀具在切削过程中可能只有一个刀齿在切削区域,因此采用解析法并不完全适用于车铣加工的实际情况。Yan 等[56]在考虑正交车铣切削层变切厚和变切深的前提下,采用全离散算法对车铣的加工颤振进行了研究。全离散算法可获得较高的计算效率和计算精度,但全离散算法提高了最终迭代方程的复杂度,同时还有部分时域因子和微分因子并没有离散化。此外,时域法[57]和半离散算法[58]也可用于正交车铣加工稳定性的预测,但计算效率低。

由上述文献可知,正交车铣加工稳定性的研究有利于避免加工颤振,但目前针对车铣加工动力学模型的求解方法存在一些弊端,为此本书提出一种完全离散算法,在提高仿真精度和效率的前提下简化离散化后迭代方程的复杂度,从而为抑制正交车铣颤振现象的产生以及切削参数的优化提供有效方法。

1.4 正交车铣加工技术研究拟解决的关键科学问题

通过上述分析可知,目前正交车铣加工研究存在的关键科学问题有:
(1)未开展正交车铣微观形貌的仿真研究,无法预测车铣加工表面粗糙度;
(2)未明确正交车铣切削层几何形状的变化种类,对正交车铣切削层几何形状未给出完整的解析模型,从而无法对正交车铣切削力进行准确预测;
(3)正交车铣加工颤振的常用求解方法不完全适用于车铣加工的实际情况。

1.4.1 正交车铣加工表面形貌的表征

正交车铣优势之一在于可以获得优于车削的表面粗糙度,而加工表面形貌的表征可以有效地对其进行预测。目前的研究普遍是根据工件和铣刀的共同运动采用包络原理对加工表面宏观形貌进行表征,预测的是加工表面的圆度和圆柱度,无法有效预测加工表面的粗糙度。为解决这一基础性和关键性的科学问题,本书提出正交车铣加工表面形貌的表征应包括宏观形貌(影响圆度和圆柱度)和微观形貌(影响表面粗糙度)两方面,需要解决正交车铣加工表面宏观形貌的构造函数建立和仿真算法、刀具坐标系下刀刃的数学建模、工件坐标系下工件和刀刃的数学建模以及微观形貌仿真算法等多项问题,以明确正交车铣表面形貌的变化规律,提高正交车铣加工表面质量。

1.4.2 正交车铣切削层理论模型建立及切削力的预测

正交车铣作为一种断续切削过程,其切削力的波动直接影响刀具-工件振动、颤振、切削温度、刀具失效、工件尺寸精度和表面粗糙度。正交车铣切削力大小与切削层几何形状息息相关,由于正交车铣切削层几何形状有别于车削和铣削,呈变切厚和变切深的情况,因此作为车铣切削力仿真基础的切削层理论模型一直是学者关注的难点。目前,学者们普遍是基于正交车铣切削层的一种形状对切削力进行仿真和预测,不能全面反映切削力的变化规律,因此难以明确刀具磨损和切削参数的对应关系,进而影响切削参数的优化。针对这一关键科学问题,本书首先建立正交车铣切削层的理论模型,涉及正交车铣切削层几何形状的仿真方法、切削层几何形状归类和数学模型建立等关键问题。在此基础上,基于不同切削层几何形状的数学模型,建立正交车铣切削力的数学模型,通过切削力系数的辨识试验,验证切削力数学模型的准确性,为提高刀具耐用度和加工质量提供理论支撑。

1.4.3　基于完全离散法的正交车铣加工稳定性预测的理论与方法

工程上普遍认为,对于细长杆、薄壁回转体等弱刚性零件,加工时的颤振问题比较突出。加工稳定性预测是避免其颤振的有效手段,目前预测的方法主要包括解析法、时域法、半离散算法和全离散算法。针对解析法不适用于正交车铣加工的实际情况(当工件直径较小时,铣刀轴向进给量 f_a 较小且刀具在切削过程中可能只有一个刀齿在切削区域),时域法和半离散算法的计算效率低下,全离散算法离散化不彻底,本书拟采用一种完全离散算法。通过使用数字迭代方法替代半离散算法及全离散算法所使用的直接积分法,以简化离散化后迭代方程的复杂度。同时,绘制颤振稳定域叶瓣图,进行颤振稳定性仿真分析和试验验证,分析正交车铣切削参数对稳定性的影响,进而为抑制正交车铣颤振现象的产生以及切削参数的优化提供有效方法。

1.5　研究内容

围绕拟解决的关键科学问题,本书将顺序开展以下主要研究内容。

1.5.1　正交车铣加工表面形貌的研究

为深入探讨正交车铣加工表面形貌的形成规律,预测其加工表面粗糙

度,为优选正交车铣切削参数提供理论依据和指导,需开展正交车铣加工表面形貌的研究:

(1) 正交车铣加工表面宏观形貌的仿真与研究。通过正交车铣加工表面的横截面图形构造函数,建立加工表面宏观形貌的曲线轮廓解析模型和仿真算法,分析宏观形貌的变化规律。

(2) 正交车铣加工表面微观形貌的仿真与研究。建立刀具坐标系下刀刃的解析模型和工件坐标系下工件、刀刃的解析模型,确定微观形貌的仿真算法,分析微观形貌的变化规律,预测加工表面粗糙度。

1.5.2 正交车铣切削层几何形状的建模与仿真

正交车铣的切削层几何形状有别于车削和铣削,其切削层几何形状和尺寸对加工中的切削力和颤振等都有有着重要的影响,深入开展正交车铣切削层几何形状的仿真与建模的研究可为正交车铣切削力的仿真提供理论基础:

(1) 建立正交车铣切削层几何形状的仿真算法。根据正交车铣的运动规律,结合 NX 软件建立正交车铣切削层几何形状的仿真方法。

(2) 提出正交车铣切削层三种几何形状的判断方法。根据正交车铣运动规律,提出正交车铣切削层三种几何形状的判断方法。

(3) 建立正交车铣切削层几何形状的解析模型。根据正交车铣不同的切削层几何形状类型建立解析模型,包括铣刀侧刃和底刃的切入/切出角度、侧刃和底刃的切削厚度/切削深度。

1.5.3 正交车铣切削力及加工稳定性的研究

为减小刀具-工件振动,避免切削颤振,提高刀具耐用度和加工质量,对切削层具有变切厚和变切深的正交车铣切削力及加工稳定性进行研究:

(1) 正交车铣切削力仿真研究。基于正交车铣切削层几何形状的解析模型,确定铣刀切入角、切出角,建立正交车铣静态切削力解析模型,进行切削力系数标定试验,对正交车铣切削力进行仿真和验证,分析切削参数对正交车铣切削力的影响规律。

(2) 正交车铣切削过程稳定性分析。基于再生颤振理论,建立刚性工件-柔性刀具的正交车铣动态切削力解析模型。采用完全离散法进行正交车铣颤振稳定性仿真,绘制正交车铣加工过程的稳定性叶瓣图,分析切削参数对正交车铣加工稳定性的影响。

1.5.4 TC21 钛合金正交车铣的切削加工性研究

在完成上述研究内容的基础上,初选车铣参数,以刀具耐用度和加工表面完整性为性能指标,和车削进行对比,进行 TC21 钛合金正交车铣的切削加工性研究:

(1) TC21 钛合金正交车铣的刀具磨损研究。研究在不同切削参数条件下,刀具耐用度的变化规律。通过刀具损伤形态的宏观和微观观测,分析刀具的失效形式,研究刀具的损伤机理。

(2) TC21 钛合金正交车铣的加工工件表面完整性分析。通过各种试验手段,研究切削用量与表面粗糙度、加工硬化和金相组织的关系。

(3) TC21 钛合金车削和正交车铣的切削加工性研究。从刀具耐用度和加工工件表面完整性两方面对 TC21 钛合金车削和正交车铣的结果进行对比和分析,探讨 TC21 钛合金正交车铣的切削加工性。

1.6 技术路线

本书以航空航天日益推广的 TC21 损伤容限型钛合金为试验对象,采用理论研究和试验分析相结合的研究手段,针对正交车铣运动学和动力学的关键科学问题——正交车铣加工表面形貌的表征、正交车铣切削层理论模型建立及切削力的预测、基于完全离散法的正交车铣加工稳定性预测的理论与方法开展深入和系统研究,研究技术路线如图 1-7 所示。

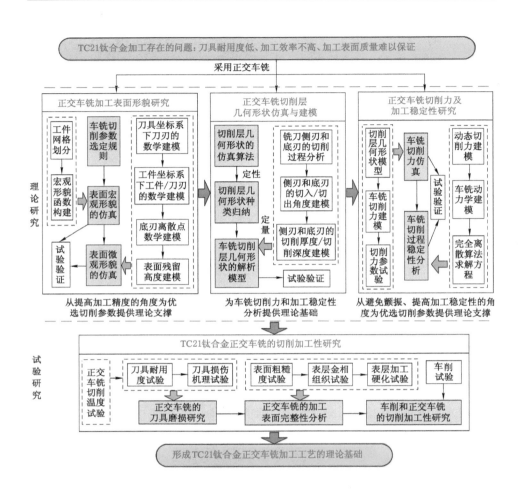

图 1-7　本书的研究技术路线图

2 正交车铣加工表面形貌研究

正交车铣的加工过程由工件旋转、铣刀旋转和铣刀沿工件轴向进给三个运动复合而成,且铣刀回转轴线与工件的回转轴线相互垂直。正交车铣可以通过工件的低速旋转和铣刀的高速旋转实现工件的高速切削,有助于提高加工精度。进行正交车铣加工表面形貌的研究,深入探讨正交车铣加工表面形貌的形成规律,预测其加工表面粗糙度,有助于为优选正交车铣切削参数提供理论依据和指导。

本章通过正交车铣切削参数规则的分析,确定正交车铣切削用量的运动关系和选择依据。在此基础上,建立正交车铣加工的解析模型,给出正交车铣加工表面宏观和微观的几何形貌仿真算法,并通过试验验证了仿真算法的正确性。同时,在考虑偏心量、转速比、轴向进给量和刀刃数等参数的条件下进行正交车铣加工表面宏观和微观形貌的仿真研究,分析各切削参数对正交车铣加工表面形貌的影响规律,预测其加工表面粗糙度。

2.1 正交车铣切削参数选定规则

2.1.1 正交车铣加工时偏心量 e 和铣刀轴向进给量 f_a 的选定规则

正交车铣加工时,铣刀和工件的回转轴线在空间上相互垂直,这两个轴线在空间内的最小距离称作偏心量或偏心距。当两根轴线的相对位置为零时,称为无偏心。最大轴向进给量 f_{amax} 的大小由铣刀半径 r_t、刀刃宽度 l_t 以及铣刀相对于工件的偏心量 e 共同决定。在正交车铣时,铣刀的半径和刀刃宽度均为定值,因此偏心量 e 成为决定铣刀最大轴向进给量 f_{amax} 的重要因素。正交车铣时,铣刀的底刃是直线,铣刀和工件的中心线相互垂直。铣刀与工件常见的 4 种偏心关系如图 2-1 所示[42],其对应的铣刀最大轴向进给量 f_{amax} 如式(2-1)～式(2-4)所示。

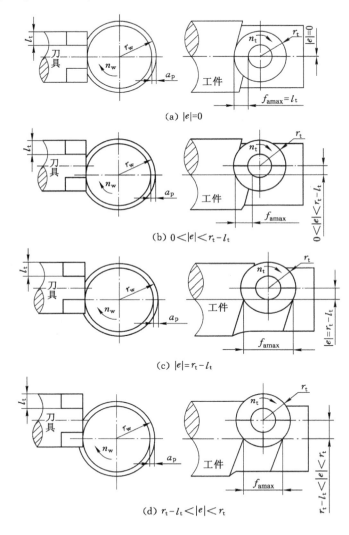

图 2-1 正交车铣加工时偏心量与最大进给量的关系示意图

（1）当$|e|=0$时：

$$f_{amax} = l_t \tag{2-1}$$

（2）当$0<|e|<r_t-l_t$时：

$$f_{amax} = \sqrt{r_t^2 - e^2} - \sqrt{(r_t - l_t)^2 - e^2} \tag{2-2}$$

（3）当$|e|=r_t-l_t$时：

$$f_{amax} = 2\sqrt{r_t^2 - (r_t - l_t)^2}$$
$$= 2\sqrt{2r_t l_t - l_t^2} \tag{2-3}$$

（4）当$r_t-l_t<|e|<r_t$时：

$$f_{amax} = 2\sqrt{r_t^2 - e^2} \tag{2-4}$$

通过以上偏心量e与最大轴向进给量f_{amax}关系的分析可知，在其他条件相同的情况下，当偏心量$|e|=r_t-l_t$时，可采用的f_{amax}为最大值，即获得的加工效率最高。在采用正交车铣进行工件精加工时，必须遵守以上偏心量e与最大轴向进给量f_{amax}的关系规则，否则无法保证合格的工件表面质量，因此在后续正交车铣切削参数设定时也遵循该规则。

2.1.2 正交车铣加工时其他切削参数的选定规则

由于正交车铣加工时铣刀与工件相对运动的特殊性，最终加工表面呈多棱柱状，该多棱柱反映了正交车铣加工表面形位公差（圆度和圆柱度）的变化情况，直接影响正交车铣加工表面质量。因此，有必要对正交车铣加工表面的圆度进行分析，以确定正交车铣时切削参数的选择依据。

正交车铣精加工时，使用的铣刀底刃是直线。建立正交车铣加工表面圆度值的理论公式，需遵守偏心量e与最大轴向进给量f_{amax}的关系规则。

如图 2-2 所示，当铣刀转过一齿，工件相应转过φ_z角，则：

$$\varphi_z = \frac{2\pi n_w}{n_t Z} \tag{2-5}$$

式中　n_w——工件转速，r/min；

　　　n_t——铣刀转速，r/min；

　　　Z——铣刀齿数。

图 2-2 中线段 AB 表示正交车铣加工表面的圆度，则：

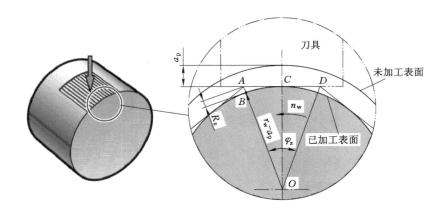

图 2-2　正交车铣加工工件的横截面

$$AD = (r_w - a_p)\tan\varphi_z \tag{2-6}$$

$$(r_w - a_p)^2 + \left(\frac{AD}{2}\right)^2 = (r_w - a_p + AB)^2$$

$$= (r_w - a_p)^2 + 2(r_w - a_p)AB + AB^2 \tag{2-7}$$

正交车铣实际精加工时,线段 AB 的值很小,则 $AB^2 \approx 0$,且 φ_z 值很小,则 $\tan\varphi_z \approx \varphi_z$,用符号 o 代替线段 AB,把式(2-6)代入式(2-7),得正交车铣加工表面的圆度为[59]:

$$o = \frac{r_w - a_p}{2}\left(\frac{\pi}{n_t}\frac{n_w}{Z}\right)^2 \times 1\,000$$

$$= \frac{1\,000(r_w - a_p)}{2}\left(\frac{\pi}{\lambda Z}\right)^2 \tag{2-8}$$

式中　r_w——工件半径,mm;

　　　λ——转速比,$\lambda = n_t/n_w$。

由于本书涉及的正交车铣工件直径较大,而精加工时 a_p 取值一般在0.5～1.5 mm 范围内,相对于工件直径较小,因此,由公式(2-8)可知,正交车铣已加工表面的圆度主要由工件半径 r_w、转速比 λ 和铣刀齿数 Z 这三个参数决定。

正交车铣时,圆度 o 与工件转速 n_w 的平方和工件半径 r_w 成正比,与铣

刀转速 n_t 和铣刀齿数 Z 的平方成反比。即在工件直径一定的情况下,铣刀转速越高、工件转速越低、铣刀齿数越多,则 o 越小,反之亦然。由于铣刀齿数平方的数值较低,所以转速比是影响正交车铣加工表面圆度最大的切削参数。

因为工件转速越高,正交车铣的单位时间去除率越大、加工效率越高,为保证加工表面合格的圆度 o,在设定合适工件转速的前提下,应尽量提高铣刀转速以降低加工表面圆度值。对于大型回转类工件,为保证工件的加工稳定性,一般工件转速较低,这时通过提高铣刀转速可以增加转速比,由于正交车铣加工表面圆度与转速比的平方成反比,与工件半径成正比,所以可以保证很低的加工表面圆度。对于细长杆工件,工件半径很小、旋转速度高,采用的铣刀直径也很小且铣刀转速远远大于工件转速,这样可以保证合适的转速比从而降低加工表面圆度。因此,任何直径的回转类零件采用正交车铣加工方式都可以保证良好的加工圆度。

为了进一步分析正交车铣时工件半径 r_w、转速比 λ、铣刀齿数 Z 对加工表面圆度 o 的影响程度,在取 $r_w = 40$ mm、$a_p = 1$ mm 的情况下,采用 MAT-LAB 软件对公式(2-8)进行三维图像仿真,如图 2-3(a)所示。同时,在取 $Z = 5$、$a_p = 1$ mm 的情况下,对公式(2-8)进行三维图像仿真,结果如图 2-3(b)所示。由图 2-3 可知,正交车铣时,铣刀齿数愈多愈好,转速比 λ 要求大于 200,这时可以获得较低的圆度。如:在工件半径 $r_w = 40$ mm 的情况下,当 $\lambda = 200$、$Z = 3$ 时,$o = 0.55$ μm。

前面的分析涉及的正交车铣切削参数不全面,同时没有探讨正交车铣加工表面形貌的变化情况,不能够全面评价正交车铣的加工精度。作为有别于车削和铣削的一种新型的加工方式,研究正交车铣加工表面形貌有助于进一步评价其加工精度,并为加工参数的优化提供参考依据。

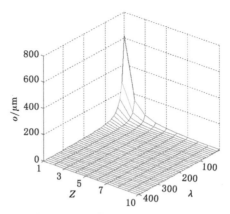

（a）转速比和铣刀齿数（r_w =40 mm、a_P=1 mm）

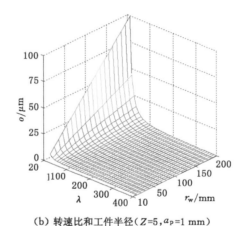

（b）转速比和工件半径（Z=5，a_P=1 mm）

图 2-3　正交车铣时各切削参数对表面粗糙度的影响

2.2　正交车铣加工表面宏观形貌仿真

2.2.1　正交车铣加工表面宏观形貌成形原理

正交车铣包含三种运动，即铣刀旋转、铣刀沿工件轴向移动、工件旋转,如图 2-4(a)所示。图中,正交车铣加工表面的宏观形貌理论上为多棱柱,n_t、n_w 分别为铣刀和工件转速(r/min),a_p 为切削深度(mm),f_a 是铣刀轴向进给量(工件转一圈铣刀沿工件轴向进给距离,mm)。正交车铣时,铣刀转过一齿,工件相应转过 φ_z 角,对应的理论圆度值 o 如图 2-4(b)所示。

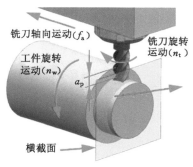

(a) 正交车铣运动方式

(b) 加工表面理论横截面

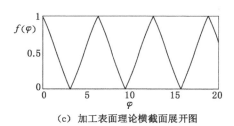

(c) 加工表面理论横截面展开图

图 2-4 正交车铣加工方式及加工表面横截面

若以图 2-4(b)中工件横截面的圆周为横坐标轴(表示包络角 φ),并沿其圆周做部分展开,以铣刀相对于工件包络角 φ 的值(即圆度值 o)为纵坐标,则展开图形见图 2-4(c),图中轮廓反映的是 o 随包络角 φ 的变化,可用如下公式表示[42,60]:

$$f(\varphi) = \frac{1}{2}(1 - \left| \sin \frac{\varphi}{2} \right| + \left| \cos \frac{\varphi}{2} \right|) \qquad (2\text{-}9)$$

2.2.2 正交车铣加工表面宏观形貌仿真算法

正交车铣加工表面宏观形貌仿真步骤如下:

(1) 加工表面的网格划分

正交车铣加工表面的网格划分如图 2-5 所示,具体如下:任取加工表面一处为 $\varphi = 0$,从该处将表面展开为矩形,该矩形 x 正向为铣刀轴向运动方向,矩形 y 正向为 φ 的增大方向;将该矩形沿 x 向以轴向进给量 f_a 为间隔值等分为 h_x 行,沿 y 向按照相同的间隔值等分为 h_y 列;划分后的矩形可用矩阵 $\boldsymbol{H}$ 表示,则 $\boldsymbol{H}[a,b](a = 1,2,\cdots,h_x; b = 1,2,\cdots,h_y)$ 表示工件表面对应位置的高度。

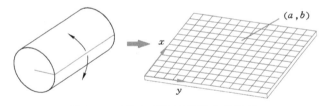

图 2-5   工件表面的网格划分示意图

(2) 矩阵 $\boldsymbol{H}[a,b]$ 的计算

计算转速比 λ。如果 λ 是整数,工件转一圈后铣刀在工件加工表面的切削轨迹能形成完整封闭,由式(2-9)得:

$$\boldsymbol{H}[a,b] = o \times \frac{1}{2}\left[1 - \left| \sin(\frac{a \cdot \varphi_z}{2}) \right| + \left| \cos(\frac{a \cdot \varphi_z}{2}) \right|\right] \qquad (2\text{-}10)$$

如果 λ 为非整数,工件转一圈后铣刀在加工表面的切削轨迹不能形成完整封闭,工件旋转 N、$2N$、$3N$、$\cdots$($N \geqslant 2$)圈才能形成完整封闭,由式(2-9)得:

$$\boldsymbol{H}[a,b] = o \times \frac{1}{2}\left[1 - \left| \sin(\frac{a \cdot \varphi_z + \dfrac{b \cdot \varphi_z}{N}}{2}) \right| + \left| \cos(\frac{a \cdot \varphi_z + \dfrac{b \cdot \varphi_z}{N}}{2}) \right|\right]$$

$$\qquad (2\text{-}11)$$

式中　N——铣刀围绕工件完成一次封闭曲线的公转圈数。

上述仿真算法采用软件 MATLAB 进行编程,流程如图 2-6 所示。

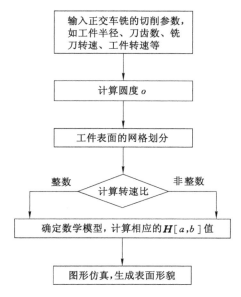

图 2-6　正交车铣加工表面宏观形貌的仿真算法流程图

2.2.3　正交车铣加工表面宏观形貌仿真结果

2.2.3.1　转速比 λ 为整数和非整数的影响

转速比 λ 是整数,工件每转一圈,铣刀在工件加工表面形成的切削轨迹能形成完整封闭。因此,工件每转一圈后,在工件轴向(即图 2-5 中 x 方向)铣刀与工件的啮合位置都不变,即加工表面刀痕形成的波峰、波谷在工件圆柱面同一条侧母线上,则加工表面为多棱柱,如图 2-7(a)所示。

λ 是非整数,工件旋转 N、$2N$、$3N$、$\cdots$($N \geqslant 2$)圈,铣刀在工件加工表面的切削轨迹才能形成完整封闭曲线。如:$n_t = 1\ 500$ r/min、$n_w = 8$ r/min 时,$\lambda = 1\ 500/8 = 375/2$,则 $N = 2$。λ 是非整数,工件每转一圈,铣刀与工件在圆周上的啮合位置都不相同,即铣刀的运行轨迹都不会重合,所形成的工件表面的波峰、波谷线不在同一条侧母线上,所以其表面形貌表现为相互错开的波峰、波谷,这时已加工表面在横向和纵向均能形成有规律的波浪状刀痕。

图 2-7(b)中 $N=7$,工件每转一圈后,在工件轴向(即图 2-5 中 x 方向)铣刀与工件的啮合位置并不相同。因此,加工表面刀痕形成棱边与工件轴向倾斜的多棱柱(该倾斜角度大小与 N 值成正比),局部呈菱形。

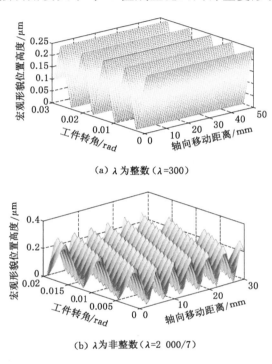

(a) λ 为整数($\lambda=300$)

(b) λ 为非整数($\lambda=2\,000/7$)

图 2-7　λ 对宏观表面形貌的影响

($r_w=40$ mm,$a_p=1$ mm,$Z=3$,$f_a=2$ mm/r)

2.2.3.2　齿数 Z 的影响

λ 是整数时,Z 增大,加工表面刀痕形成的波峰值显著下降、波峰/谷数量增多、波峰/谷间距减小,即表面纹理愈加平坦和紧密,如图 2-8 所示。因此,λ 为整数时,Z 增大,加工表面为多棱柱,圆柱度值显著下降。

λ 是非整数时,Z 对加工表面宏观形貌的影响和 λ 为整数时的情况相似,如图 2-9 所示。因此,λ 是非整数,Z 增大,表面纹理愈加平坦和紧密,加工表面为棱边与工件轴向倾斜的多棱柱,局部呈菱形且菱形数量增多,圆柱度值显著下降。

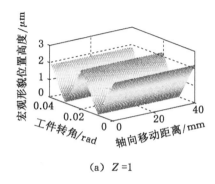

（a）$Z = 1$

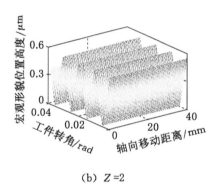

（b）$Z = 2$

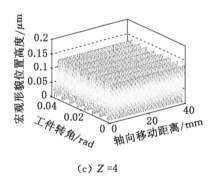

（c）$Z = 4$

图 2-8　λ 为整数时 Z 对宏观表面形貌的影响

（$r_{\mathrm{w}} = 40\ \mathrm{mm}$,$a_{\mathrm{p}} = 1\ \mathrm{mm}$,$f_{\mathrm{a}} = 2\ \mathrm{mm/r}$,$\lambda = 300$）

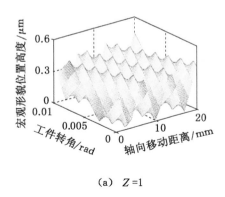

(a) $Z=1$

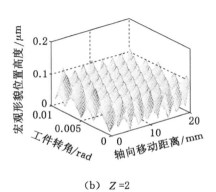

(b) $Z=2$

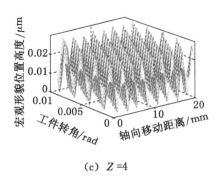

(c) $Z=4$

图 2-9　λ 为非整数时 Z 对宏观表面形貌的影响

($r_\mathrm{w}=40$ mm，$a_\mathrm{p}=1$ mm，$f_\mathrm{a}=2$ mm/r，$\lambda=2\,000/3$)

2.2.3.3 转速比 λ 大小的影响

转速比 λ 对加工表面宏观形貌的影响和 Z 相似,如图 2-10、图 2-11 所示。λ 是整数,λ 增大,加工表面为多棱柱且棱边数量增多,圆柱度值显著下降;λ 是非整数,λ 增大,加工表面为棱边与工件轴向倾斜的多棱柱,局部呈菱形且菱形数量增多,圆柱度值显著下降。

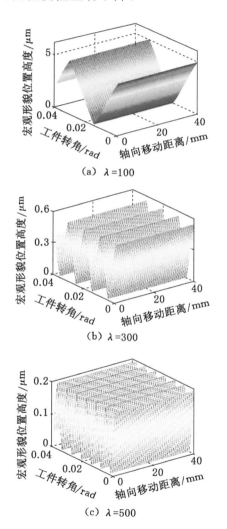

(a) λ=100

(b) λ=300

(c) λ=500

图 2-10 λ 为整数时 λ 大小对宏观表面形貌的影响

$(r_w=40 \text{ mm}, a_p=1 \text{ mm}, Z=2, f_a=2 \text{ mm/r})$

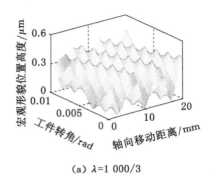

（a）λ=1 000/3

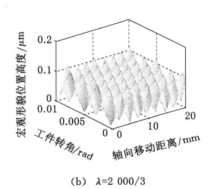

（b）λ=2 000/3

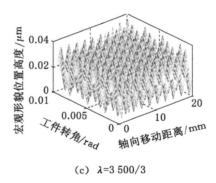

（c）λ=3 500/3

图 2-11　λ 为非整数时 λ 大小对宏观表面形貌的影响

（r_w＝40 mm，a_p＝1 mm，Z＝2，f_a＝2 mm/r）

2.2.3.4 切削深度 a_p 的影响

切削深度 a_p 对正交车铣加工表面宏观形貌的影响甚小,如图 2-12、图 2-13 所示。在 λ 为整数和非整数两种情况下,a_p 大幅度增加(从 0.5 mm 增加到 4 mm),正交车铣加工表面圆柱度值变化很小且加工表面纹理也未发现明显变化。

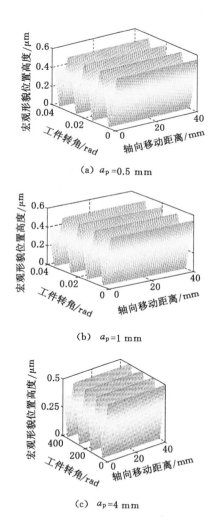

(a) $a_p = 0.5$ mm

(b) $a_p = 1$ mm

(c) $a_p = 4$ mm

图 2-12 λ 为整数时 a_p 对宏观表面形貌的影响

($r_w = 40$ mm,$Z = 2$,$f_a = 2$ mm/r,$\lambda = 300$)

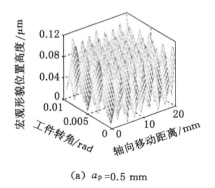

(a) $a_p = 0.5$ mm

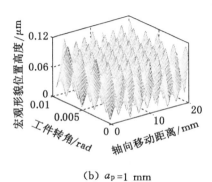

(b) $a_p = 1$ mm

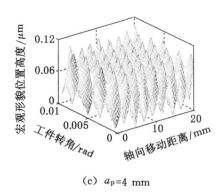

(c) $a_p = 4$ mm

图 2-13 λ 为非整数时 a_p 对宏观表面形貌的影响

($r_w = 40$ mm, $Z = 2$, $f_a = 2$ mm/r, $\lambda = 2\ 000/3$)

2.2.4　正交车铣加工表面宏观形貌的验证

试验在马扎克（Mazak）车铣复合加工中心上完成，刀具采用 Sandvik CoroMill 390 立铣刀和配套刀片，试验结果采用 KH-7700 三维视频显微系统拍摄，如图 2-14 所示。

(a)　λ 为整数（λ =400）

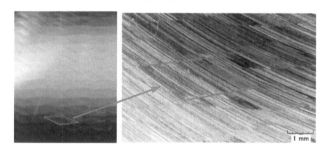

(b)　λ 为非整数（λ =2 000/3）

图 2-14　正交车铣加工表面实测形貌

当切削参数为 r_w ＝ 40 mm、a_p ＝ 1 mm、f_a ＝ 2 mm 时，λ 为整数，正交车铣加工表面观测到均匀分布的刀痕，对应于上述仿真图形中的波峰/谷。因为 λ 较大（λ =400），所以刀痕密集，即加工表面呈现多棱柱的棱边数量较多。λ 为非整数时，正交车铣加工表面整体上为多棱柱结构，局部存在菱形结构。以上试验结果表明，λ 为整数和非整数时，试验结果和仿真图形是吻合的。

由上述分析可知，正交车铣加工后加工表面的形貌宏观上为多棱柱，但转速比 λ 为非整数和整数时，正交车铣加工后加工表面的形貌有所不同。当转速比 λ 为整数时，其表面宏观形貌呈多棱柱，表面刀痕的形貌即为微观形貌,如图 2-14(a)所示;当 λ 为非整数时,正交车铣加工后加工表面的形貌整体上仍为多棱柱,但在此基础上表面局部呈菱形,每个菱形内有刀痕(微观形貌),如图 2-14(b)所示。

正交车铣加工时,加工表面宏观形貌的变化决定了圆柱度的大小,反映了加工表面的形状精度;加工表面微观形貌的变化决定了加工表面粗糙度的大小,反映了加工表面的尺寸精度。两者共同作用影响加工表面的加工精度,因此对正交车铣加工表面形貌的研究应包括宏观形貌和微观形貌两方面。

2.3 正交车铣加工表面微观形貌仿真

2.3.1 正交车铣铣刀底刃轨迹的解析模型

2.3.1.1 铣刀坐标系下底刃轨迹的解析模型

正交车铣精加工时采用的铣刀底刃为直线,切削过程可以由底刃和侧刃共同完成,也可以由底刃单独完成,但是工件正交车铣后的已加工表面形貌由底刃决定,所以本书只讨论底刃的切削结果。底刃任意一 P 点在铣刀坐标系 O_t-$x_t y_t z_t$ 中的关系如图 2-15 所示,其中 x_t 为铣刀沿工件轴向直线运动方向,z_t 为铣刀轴向,y_t 与 x_t、z_t 两轴垂直,r_t 为铣刀半径(mm),l_t 为刀刃宽度(mm),r 为底刃上 P 点到铣刀底刃中心点 O_t 的距离(mm)[61]。

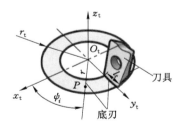

图 2-15 铣刀坐标系中的 P 点

P 点在铣刀坐标系 O_t-$x_t y_t z_t$ 中的坐标用矩阵 $\boldsymbol{P}_{T,i}(t)$ 表示(下标 T 表示刀具坐标系,下标 i 表示第 i 个刀刃),则:

$$\boldsymbol{P}_{T,i}(t) = \begin{bmatrix} r \cdot \cos \psi_i \\ r \cdot \sin \psi_i \\ 0 \end{bmatrix} \tag{2-12}$$

设铣刀齿数为 Z,各刃之间均匀分布,以铣刀 x_t 轴为基准,得各刃的转角 ψ_i 为:

$$\psi_i = \omega_t t + 2\pi(i-1)/Z \tag{2-13}$$

将式(2-13)代入式(2-12),得:

$$\boldsymbol{P}_{T,i}(t) = \begin{bmatrix} r\cos[\omega_t t + 2\pi(i-1)/Z] \\ r\sin[\omega_t t + 2\pi(i-1)/Z] \\ 0 \end{bmatrix} \tag{2-14}$$

式中　r——O_t 点到 P 点的长度,$r_t - l_t \leqslant r \leqslant r_t$,mm;

　　　ω_t——铣刀角速度,ω_t 的方向符合右手螺旋法则,即右手拇指指向 $+z_t$,四指旋向即为 $+\omega_t$,rad/s;

　　　i——铣刀第 i 个齿,$1 \leqslant i \leqslant Z$。

2.3.1.2　工件坐标系下底刃轨迹的解析模型

铣刀底刃切削工件的刀痕轮廓可视为加工表面微观形貌,仿真正交车铣加工表面微观形貌需要分析铣刀底刃点在工件坐标系下的变化情况。在工件右端面中心点 O_w 建立工件坐标系 O_w-$x_w y_w z_w$,根据偏心量 e(mm)正负和工件旋转方向,可把正交车铣划分为四种运动方式;同时,建立铣刀坐标系 O_t-$x_t y_t z_t$ 和 P 点在工件坐标系中的位置关系,如图 2-16 所示。

正交车铣时,可假设工件静止,铣刀边自转边以工件轴线为基准做螺旋运动。加工一段时间后,铣刀在工件坐标系中的运动方式为:铣刀坐标系绕工件坐标系 x_w 轴旋转 α 角后沿 $+x_w$ 轴移动一段距离 L,则铣刀完成从初始位置 O_{t1}-$x_{t1} y_{t1} z_{t1}$ 到位置 O_{t2}-$x_{t2} y_{t2} z_{t2}$ 的运动。铣刀底刃 P 点在工件坐标系中的位置为:

$$P_{w,i(t)} = \mathbf{Rot}_{TW}(t) \cdot P_{T,i(t)} + \mathbf{Trans}_{TW}(t) \tag{2-15}$$

其中,$\mathbf{Rot}_{TW}(t)$ 为旋转变换矩阵:

$$\mathbf{Rot}_{TW}(t) = \begin{bmatrix} 1 & 0 & 0 \\ 0 & \cos \alpha & -\sin \alpha \\ 0 & \sin \alpha & \cos \alpha \end{bmatrix} \tag{2-16}$$

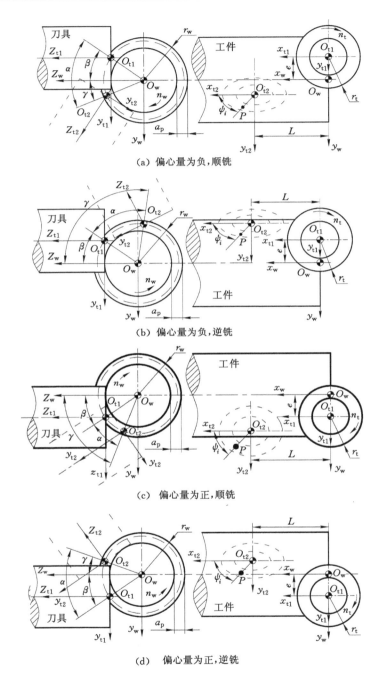

（a）偏心量为负，顺铣

（b）偏心量为负，逆铣

（c）偏心量为正，顺铣

（d）偏心量为正，逆铣

图 2-16　工件坐标系中点 P 的四种运动形式

式中 α——铣刀相对工件旋转的角度，$\alpha = -\omega_{\mathrm{w}}t$（$\omega_{\mathrm{w}}$ 为工件角速度，rad/s，其方向判断方法与 ω_{t} 相同），因假设工件静止、铣刀运动，所以 α 与 ω_{w} 反向，rad。

$\mathbf{Trans}_{\mathrm{TW}}(t)$——平移变换矩阵：

$$\mathbf{Trans}_{\mathrm{TW}}(t) = \begin{bmatrix} L \\ O_{\mathrm{w}}O_{\mathrm{t2}}\sin\gamma \\ O_{\mathrm{w}}O_{\mathrm{t2}}\cos\gamma \end{bmatrix} \tag{2-17}$$

式中，$L = f_{\mathrm{a}}|\omega_{\mathrm{w}}t|/(2\pi)$，$O_{\mathrm{w}}O_{\mathrm{t2}} = [e^2 + (r_{\mathrm{w}} - a_{\mathrm{p}})^2]^{1/2}$，$\beta = \arctan[e/(r_{\mathrm{w}} - a_{\mathrm{p}})]$，$\gamma = \beta - \alpha$，则：

$$\mathbf{Trans}_{\mathrm{TW}}(t) = \begin{bmatrix} \dfrac{f_{\mathrm{a}}|\omega_{\mathrm{w}}t|}{2\pi} \\ \sqrt{e^2 + r_{\mathrm{w}}^2}\sin[\arctan(e/(r_{\mathrm{w}} - a_{\mathrm{p}})) + \omega_{\mathrm{w}}t] \\ \sqrt{e^2 + r_{\mathrm{w}}^2}\cos[\arctan(e/(r_{\mathrm{w}} - a_{\mathrm{p}})) + \omega_{\mathrm{w}}t] \end{bmatrix} \tag{2-18}$$

把式（2-14）、式（2-16）和式（2-19）代入式（2-15），最终，铣刀底刃任意一 P 点在工件坐标系中的解析模型为：

$$\mathbf{P}_{\mathrm{W},i(t)} = \begin{bmatrix} r\cos[\omega_{\mathrm{t}}t + 2\pi(i-1)/Z] + \dfrac{f_{\mathrm{a}}|\omega_{\mathrm{w}}t|}{2\pi} \\ r\sin[\omega_{\mathrm{t}}t + 2\pi(i-1)/Z]\cos(\omega_{\mathrm{w}}t) + \sqrt{e^2 + (r_{\mathrm{w}} - a_{\mathrm{p}})^2} \\ \sin[\arctan(e/(r_{\mathrm{w}} - a_{\mathrm{p}})) + \omega_{\mathrm{w}}t] \\ r\sin[\omega_{\mathrm{t}}t + 2\pi(i-1)/Z]\sin(-\omega_{\mathrm{w}}t) + \sqrt{e^2 + (r_{\mathrm{w}} - a_{\mathrm{p}})^2} \\ \cos[\arctan(e/(r_{\mathrm{w}} - a_{\mathrm{p}})) + \omega_{\mathrm{w}}t] \end{bmatrix} \tag{2-19}$$

2.3.1.3 工件坐标系下底刃轨迹的仿真验证

采用上述解析模型，通过对底刃任意一点的仿真，评价其运动轨迹是否符合正交车铣的运动规律。

采用 MATLAB 软件，验证参数如下：$r_{\mathrm{w}} = 40$ mm、铣刀底刃点 P 的 $r = 7$ mm、$n_{\mathrm{t}} = 1\ 200$ r/min、$f_{\mathrm{a}} = 4$ mm/r 和 $a_{\mathrm{p}} = 1$ mm，对图 2-16 所示四种 P 点运动形式的仿真结果如图 2-17 所示。

图 2-16(a)、(b)中 P 点运动轨迹仿真结果见图 2-17(a)，$e = -7$ mm 时，顺铣和逆铣两种状态下该点除自转外还绕轴 x_{w} 分别逆时针和顺时针公转，同时该点运动轨迹的起点重合、自转方向相同。对图 2-16(c)、(d)中 P

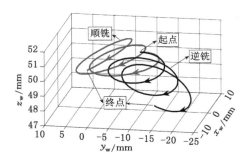

(a) $e = -7$ mm，顺铣（$n_w = 12$ r/min）和
逆铣（$n_w = -12$ r/min）

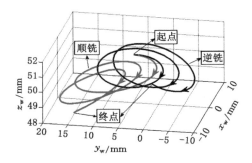

(b) $e = 7$ mm，顺铣（$n_w = 12$ r/min）和
逆铣（$n_w = -12$ r/min）

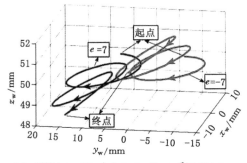

(c) 顺铣（$n_w = 12$ r/min），$e = -7$ mm 和 $e = 7$ mm

图 2-17　工件坐标系中 P 点运动形式的仿真结果

点的运动轨迹进行仿真,结果表明铣刀底刃 P 点的自转、公转和起点重合等状态符合正交车铣的运动规律,见图 2-17(b)。进一步对图 2-16(a)、(b)中点 P 的运动轨迹进行仿真,结果表明偏心量不相等时,铣刀底刃 P 点的自转、公转和起点不重合等状态符合正交车铣的运动规律,见图 2-17(c)。上述结果验证了上述铣刀底刃轨迹解析模型的正确性。

2.3.2 正交车铣加工表面微观形貌仿真算法

正交车铣时,相对于工件,铣刀螺旋运动并结合铣刀自身旋转运动后,刀具底刃在工件表面加工后的残留即为表面形貌。正交车铣加工表面微观几何形貌仿真步骤具体如下:

(1)圆柱形工件局部表面需要沿轴向和周向分别划分网格。

对整个圆柱表面进行仿真,仿真精度设定过高则会造成划分网格的数量增加,造成计算量过大和计算时间过长,同时仿真图形的动态显示和编辑也将难以操作;若减小划分网格的数量,仿真精度无法保证,难以有效表达加工表面的微观形貌。一般情况下,加工表面的微观形貌在实际检测时,需要放大观测,被观测的面积很小。因此,在正交车铣加工表面微观几何形貌的仿真中,只对圆柱形工件局部表面进行网格划分,如图 2-18 所示。其划分方法为:将该局部表面沿轴向和周向分别等分为 $g_x \times g_y$ 格,等分的间距分别为 Δx 和 Δy。规定方向如下:x 增大的方向与 x_w 一致;y 增大的方向符合右手螺旋法则,即右手拇指指向 $+x_w$,四指旋转方向即为 $+y$。该网格用矩阵 $\boldsymbol{G}[c,d]$($c=1,2,\cdots,g_x$;$d=1,2,\cdots,g_y$)表述,该矩阵值表示工件表面对应位置的高度(初始值为 a_p)。

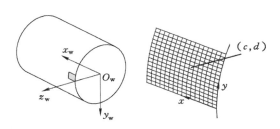

图 2-18 工件表面的网格划分示意图

（2）根据不断变换的 P 点坐标，计算 r_p、i 和 j。

在仿真过程中，根据刀刃点 P 坐标计算 P 点相对于工件坐标系的径向长度 r_p，即：

$$r_p = \sqrt{\left(r\sin\psi_i\cos\alpha + \sqrt{e^2 + (r_w - a_p)^2}\sin\gamma\right)^2 +} \\ \sqrt{\left(r\sin\psi_i\sin\alpha + \sqrt{e^2 + (r_w - a_p)^2}\cos\gamma\right)^2} \qquad (2-20)$$

当铣刀运动一段时间 t 后，可由式（2-19）求出刀刃上所有点的坐标值。任意一点 $P(x_w, y_w, z_w)$ 所对应的矩阵 $\boldsymbol{G}$ 的位置 (c, d) 可由下式计算：

$$\begin{cases} c = \text{int}\left[\dfrac{\arctan\left[\dfrac{r\sin\psi_i\cos\alpha + \sqrt{e^2 + (r_w - a_p)^2}\sin\gamma}{r\sin\psi_i\sin\alpha + \sqrt{e^2 + (r_w - a_p)^2}\cos\gamma}\right]}{\Delta\alpha}\right] \\ d = \text{int}\left(\dfrac{r\cos\psi_i + L}{\Delta x}\right) \end{cases} \qquad (2-21)$$

式中　int()——对括号内的数值取整。

（3）如果 $1 \leqslant c \leqslant g_x$ 且 $1 \leqslant d \leqslant g_y$，说明刀刃点 P 到达加工工件表面的范围。这时，如果 $r_p - r_w + a_p$（底刃在工件表面的残留高度）不大于 P 点对应矩阵位置的值 $\boldsymbol{G}[c, d]$，即当 $r_p - r_w + a_p \leqslant \boldsymbol{G}[c, d]$ 时，表示刀刃点 P 已切入工件，因此要用 $r_p - r_w + a_p$ 替换 $\boldsymbol{G}[c, d]$。如果上述条件不满足，则 $\boldsymbol{G}[c, d]$ 值保持不变。

（4）根据计算的 $\boldsymbol{G}$ 矩阵生成正交车铣加工表面三维形貌。

（5）正交车铣加工表面粗糙度用 $\boldsymbol{G}$ 矩阵的最大值减去最小值（为 0）表示。

正交车铣加工表面微观形貌仿真算法流程如图 2-19 所示，采用 MATLAB 软件进行编程和图形仿真。

2.3.3　正交车铣加工表面微观形貌仿真方法的验证

正交车铣过程中，铣刀底刃会在加工表面留下刀痕，从而形成加工表面微观形貌，采用 MATLAB 软件按照上述算法进行编程仿真，采用三维视频显微镜 Hirox KH-7700 实测，结果如图 2-20 所示。由于仿真精度的限制，仿真结果无法和实际加工情况完全一致。图 2-20 中，x_w 轴为工件轴向，y_w 轴为工件周向，正交车铣的微观表面形貌仿真中的刀痕轨迹总体上符合实

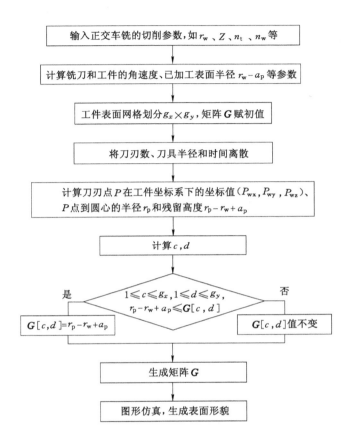

图 2-19 正交车铣加工表面微观形貌仿真算法流程

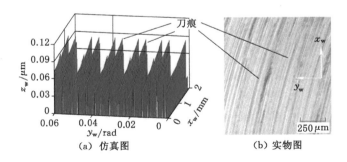

(a) 仿真图   (b) 实物图

图 2-20 正交车铣加工表面微观形貌的仿真与试验对比

($r_w=40$ mm、$r_t=10$ mm、$a_p=0.5$ mm、$Z=3$、$\lambda=2\,000/5$、$e=0$、$f_a=4$ mm/r)

际加工情况，这表明上述算法对于预测正交车铣加工表面微观形貌是可行的。

考察齿数 Z 对加工表面粗糙度的影响以进一步验证本算法的正确性。加工表面三维微观形貌（即刀痕）是呈周期性变化的"波浪"。Z 增大，该"波浪"在工件周向（y_w 轴）的波峰下降且波长缩短显著（即表面纹理愈加平坦），单位面积包含的刀痕数量显著增多（即表面纹理愈加细密），则加工表面粗糙度值显著下降，如图 2-21 所示。

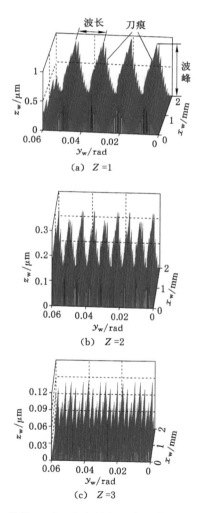

(a) $Z=1$

(b) $Z=2$

(c) $Z=3$

图 2-21　齿数 Z 对正交车铣加工表面微观形貌的影响

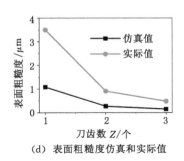

(d) 表面粗糙度仿真和实际值

图 2-21(续)

图 2-21 中的波峰值可认定为表面粗糙度仿真值,切削参数为:$r_w = 40$ mm、$r_t = 10$ mm、$e = 0$、$\lambda = 2\,000/5$、$f_a = 4$ mm/r、$a_p = 0.5$ mm,随齿数 Z 增大,表面粗糙度值预测分别为 1.09 μm、0.28 μm 和 0.16 μm,而通过表面粗糙度仪 Mahr M1 实测的表面粗糙度值分别为 3.5 μm、0.91 μm 和 0.48 μm,这表明随着 Z 增加,表面粗糙度值显著下降。当 $Z = 1$ 时,铣刀切削工件的连续性最差,机械冲击大,加工稳定性最差,所以表面粗糙度实测值最大;随着 Z 的增加,铣刀切削工件的连续性变好,机械冲击减小,加工稳定性变好,所以表面粗糙度实测值减小。仿真时没有考虑机械冲击、加工稳定性等动态效应,所以 $Z = 1$ 时,表面粗糙度仿真和实测值相差较大,但随着 Z 的增加,加工过程愈加平稳,表面粗糙度仿真和实测值相差减小。由于仿真只考虑刀具的运动轨迹,所以表面粗糙度仿真值要小于实测值,但总体上两者的变化规律是一致的,这说明本算法是正确和可行的。

综上所述,2.3.2 节提出的算法能够很好地反映正交车铣加工表面微观形貌的变化,且能够合理地预测表面粗糙度值及变化趋势。

2.3.4　正交车铣加工表面微观形貌仿真结果

2.3.4.1　转速比 λ 对加工表面微观形貌的影响

回转类工件的表面粗糙度包括轴向和周向表面粗糙度,周向表面粗糙度在 y_w 轴测量,而轴向表面粗糙度在 x_w 轴测量。

转速比 λ 对正交车铣加工表面微观形貌的影响较明显。随着转速比 λ

增大(铣刀转速不变,工件转速降低),刀痕在工件周向形成的波峰下降、波长缩短,单位面积上的刀痕数量增多,如图 2-22(a)~(c)所示。波峰下降表明正交车铣加工表面微观形貌趋于平坦,波长缩短表明波峰数量增多,单位面积上的刀痕数量增多表明表面纹理更加细密,故随着转速比 λ 的增大,正交车铣加工表面微观形貌愈好,表面粗糙度下降,如图 2-22(d)所示。

2.3.4.2 偏心量 e 对加工表面微观形貌的影响

一方面,偏心量 e 在 -8 mm、-4 mm、0 mm 和 4 mm 的情况下,刀痕在工件周向形成的波峰和波长未发生变化,且表面粗糙度都为 6.02 μm,这说明在理论条件下,偏心量 e 的大小和方向对正交车铣周向表面粗糙度没有明显影响,如图 2-23 所示。另一方面,随着偏心量 e 的大小和方向的改变,刀痕的方向会产生变化。当 $e=0$ mm 时,刀痕方向基本与 x_w 轴平行,随着 e 绝对值的增大,刀痕的方向与 x_w 轴的夹角愈来愈大,造成刀痕在工件表面轴向形成的波长减小,有利于降低轴向表面粗糙度。

2.3.4.3 轴向进给量 f_a 对加工表面微观形貌的影响

随着轴向进给量 f_a 的减小,表面粗糙度无变化,刀痕在工件周向形成的波峰和波长未发生变化,但单位面积上的刀痕数量增多,表面纹理更加细密,有利于降低周向表面粗糙度,如图 2-24 所示。

当 $e=0$ mm 时,由于刀痕方向基本与 x_w 轴平行,所以 f_a 的减小对于轴向表面粗糙度的影响不大,如图 2-24(a)~(c)所示。随着 e 数值增大,图 2-24(d)~(f)中 $e=-4$ mm 时,f_a 的减小使得单位面积上的刀痕数量增多,造成刀痕在工件表面轴向形成的波长减小,有利于降低轴向表面粗糙度。

2.3.4.4 切削深度 a_p 对加工表面微观形貌的影响

当切削深度 a_p 为 0.5 mm、1 mm 和 2 mm 时,表面粗糙度分别为 6.02 μm、5.94 μm 和 5.79 μm,此外,波峰、波谷、波长和刀痕数量无变化,说明切削深度 a_p 对周向表面粗糙度影响很小,对轴向表面粗糙度无影响,如图 2-25 所示。

正交车铣加工表面微观形貌仿真的结果表明,转速比 λ 和齿数 Z 对微

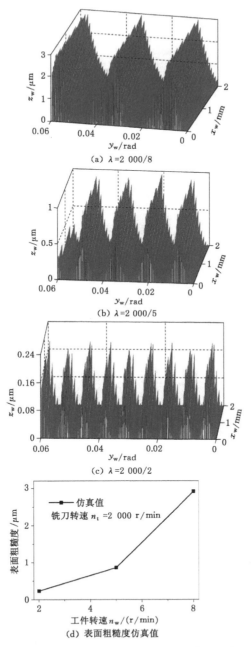

(a) λ=2 000/8

(b) λ=2 000/5

(c) λ=2 000/2

(d) 表面粗糙度仿真值

图 2-22　转速比 λ 对微观表面形貌的影响

$(r_w=40 \text{ mm}、r_t=10 \text{ mm}、a_p=0.5 \text{ mm}、Z=1、e=0、f_a=4 \text{ mm/r})$

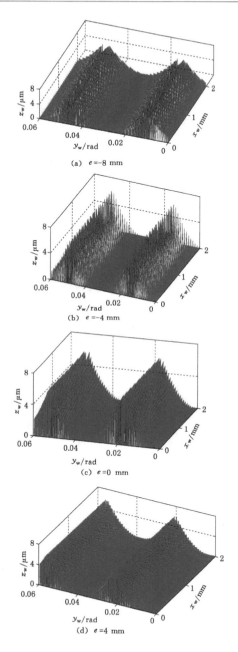

(a) $e = -8$ mm

(b) $e = -4$ mm

(c) $e = 0$ mm

(d) $e = 4$ mm

图 2-23 偏心量 e 对微观表面形貌的影响

$(r_w = 40 \text{ mm}, r_t = 10 \text{ mm}, a_p = 0.5 \text{ mm}, Z = 1, \lambda = 1\,500/8, f_a = 5 \text{ mm/r})$

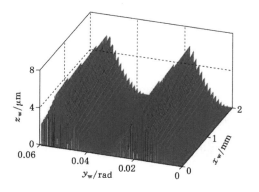

(a) $f_a = 6$ mm/r、$e = 0$ mm

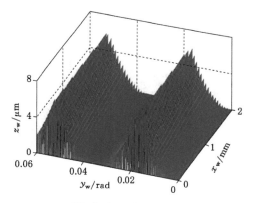

(b) $f_a = 4$ mm/r、$e = 0$ mm

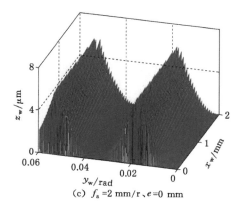

(c) $f_a = 2$ mm/r、$e = 0$ mm

图 2-24 轴向进给量 f_a 对微观表面形貌的影响

($r_w = 40$ mm、$r_t = 10$ mm、$a_p = 0.5$ mm、$Z = 1$、$\lambda = 1\ 500/8$)

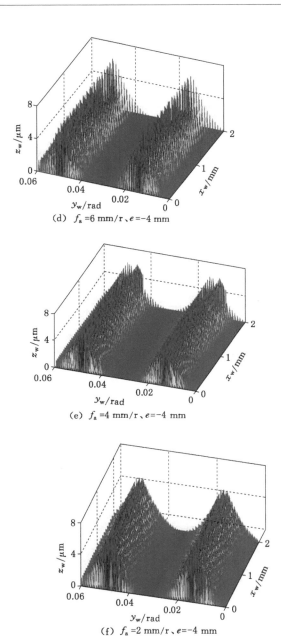

(d) $f_a = 6$ mm/r、$e = -4$ mm

(e) $f_a = 4$ mm/r、$e = -4$ mm

(f) $f_a = 2$ mm/r、$e = -4$ mm

图 2-24(续)

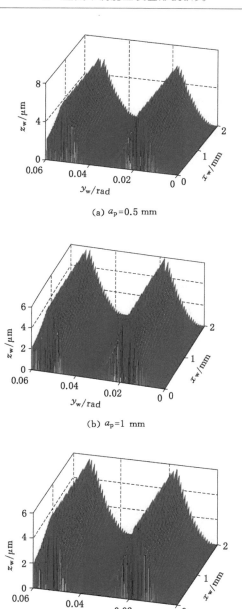

(a) $a_p = 0.5$ mm

(b) $a_p = 1$ mm

(c) $a_p = 2$ mm

图 2-25　a_p 对微观表面形貌的影响

($r_w = 40$ mm、$r_t = 10$ mm、$Z = 1$、$\lambda = 2\ 000/8$、$f_a = 5$ mm)

观形貌的影响最显著,两者数值的增加,使得刀痕在工件周向形成的波峰下降、波长缩短,单位面积上的刀痕数量增多,造成表面微观形貌趋于平坦和表面纹理更加细密,有利于降低表面粗糙度。偏心量 e 的大小和方向对周向表面粗糙度没有明显影响,随着 e 数值的增大,刀痕在工件表面轴向形成的波长减小,有利于降低轴向表面粗糙度。随着轴向进给量 f_a 的减小,单位面积上的刀痕数量增多,表面纹理更加细密,有利于降低周向表面粗糙度;同时,取较大的 e 值,提高 f_a 有利于降低轴向表面粗糙度。切削深度 a_p 对周向表面粗糙度的影响很小,对轴向表面粗糙度无影响。

因此,要提高正交车铣的加工精度,结合正交车铣加工表面宏观形貌和微观形貌仿真的结果,可以在适当提高切削深度 a_p 的条件下,选取较大数值的偏心量 e 以及匹配的轴向进给量 f_a(见 2.1.1 正交车铣加工时偏心量 e 和铣刀轴向进给量 f_a 的选定规则),并尽可能提高齿数 Z 和转速比 λ。根据仿真结果,在 $r_w=40$ mm、$n_t=2\,000$ r/min、$e=-8\sim0$ mm、$a_p=0.5\sim2$ mm 的条件下,当正交车铣的切削参数为 $Z=1\sim3$、$n_w=2\sim8$ r/min、$f_a=2\sim6$ mm/r 时,正交车铣加工表面的仿真粗糙度为 $0.15\sim2.92$ μm。

2.4 本章小结

(1) 确定了正交车铣切削参数的选定规则,包括:根据铣刀与工件常见的 4 种偏心关系,确定了正交车铣的最大轴向进给量 f_{amax},其大小由铣刀半径 r_t、刀刃宽度 l_t 以及铣刀相对于工件的偏心量 e 共同决定。当偏心量 $|e|=r_t-l_t$ 时,可采用最大值的轴向进给量 $f_{amax}=2\sqrt{2r_tl_t-l_t^2}$。

通过建立正交车铣加工表面的圆度 o 理论公式,确定了铣刀齿数和转速比的选择依据:正交车铣时,铣刀齿数愈多愈好,转速比 λ 要求大于 200,这时可以获得较好的圆度。

(2) 基于转速比 λ 为整数和非整数时不同的铣刀切削轨迹,建立了正交车铣加工表面宏观形貌仿真的算法,根据 MATLAB 软件进行编程和图形仿真的结果,探讨了不同切削参数对加工表面宏观形貌的影响规律,结果表明:

转速比 λ 为整数时,正交车铣加工表面宏观形貌整体上呈多棱柱。在此情况下,随着齿数 Z 和转速比 λ 的增大,加工表面圆度呈显著下降趋势,多棱柱的棱边数量显著增加,表面纹理愈紧密。

λ 为非整数时,正交车铣加工表面宏观形貌整体上呈多棱柱,局部呈菱形。在此情况下,随着齿数 Z 和转速比 λ 的增大,加工表面圆度呈显著下降趋势,菱形的数量增多,表面纹理愈紧密。

切削深度 a_p 对表面宏观形貌的影响较小。因此,要提高正交车铣的加工质量,可以在适当提高切削深度 a_p 的条件下,尽可能提高齿数 Z 和转速比 λ。

（3）根据坐标位置变换矩阵,建立了工件坐标系下铣刀底刃任意点 P 的解析模型,仿真和分析了 P 点的运动轨迹,验证了该解析模型的正确性。基于该解析模型,通过工件局部表面划分网格,刀刃数、刀具半径和时间离散,计算 P 点坐标、P 点到工件圆心的径向长度 r_p 和残留高度 $r_p - r_w + a_p$ 等步骤,确定了正交车铣加工表面微观形貌仿真的算法,通过试验验证了该算法的正确性和可行性。

使用 MATLAB 软件进行编程和图形仿真,探讨了不同切削参数对加工表面微观形貌的影响规律,结果表明:

正交车铣加工时,转速比 λ 和齿数 Z 对微观形貌的影响最显著,两者数值的增加,使得刀痕在工件周向形成的波峰下降、波长缩短,单位面积上的刀痕数量增多,造成表面微观形貌趋于平坦和表面纹理更加细密,有利于降低表面粗糙度。

偏心量 e 的大小和方向对周向表面粗糙度没有明显影响,随着 e 数值的增大,刀痕在工件表面轴向形成的波长减小,有利于降低轴向表面粗糙度。

随着轴向进给量 f_a 的减小,单位面积上的刀痕数量增多,表面纹理更加细密,有利于降低周向表面粗糙度;同时,取较大的 e 值,提高 f_a 有利于降低轴向表面粗糙度。切削深度 a_p 对周向表面粗糙度具有很小的影响,对轴向表面粗糙度无影响。

为提高正交车铣的加工质量,结合正交车铣加工表面宏观形貌和微观形貌仿真的结果,可以在适当提高切削深度 a_p 的条件下,选取较大数值的偏心量 e 以及匹配的轴向进给量 f_a,并尽可能提高齿数 Z 和转速比 λ。

（4）在 $r_w=40$ mm、$n_t=2\,000$ r/min、$e=-8\sim0$ mm、$a_p=0.5\sim2$ mm 的条件下,当正交车铣的切削参数为 $Z=1\sim3$、$n_w=2\sim8$ r/min、$f_a=2\sim6$ mm/r 时,正交车铣加工表面的仿真粗糙度值为 $0.15\sim2.92$ μm。

3　正交车铣切削层几何形状的建模与仿真

正交车铣过程是刀具旋转与工件旋转相互运动、相互作用的过程,其切削层几何形状有别于车削和铣削,其切削层几何形状和尺寸对加工中的切削力和颤振等都有重要的影响,从而影响加工质量、刀具耐用度和加工效率,因此深入开展正交车铣切削层几何形状的研究具有非常重要的意义。

本章首先确定正交车铣切削层几何形状的仿真方法,对不同正交车铣加工参数下的切削层几何形状进行仿真和定性分析。在此基础上,提出正交车铣三种不同切削层几何形状的判别方法,建立正交车铣三种切削层几何形状的解析模型,涉及铣刀侧刃和底刃的切入/切出角度、切削厚度和切削深度。通过试验验证了该解析模型的正确性,并分析了切削参数对铣刀切削层的影响。该研究可为正交车铣切削层几何形状的变化提供定量分析依据,为正交车铣切削力的仿真提供基础,为正交车铣切削参数的优化提供详细指导。

3.1　正交车铣切削层几何形状的仿真与分析

3.1.1　正交车铣切削层几何形状的仿真方法

正交车铣切削层几何形状仿真需首先对正交车铣的切削过程做如下假设:

(1)切削层从工件上切削下来后不产生变形;

（2）无论切削深度多大，都能够保证把切削层完整切下；

（3）铣刀轴线与工件轴线垂直，无安装误差；

（4）正交车铣加工中工件、铣刀均无转速误差。

在正交车铣中，由于铣刀旋转速度很快，铣刀各刃接触到工件的时间间隔很短，可以假设刀具为一圆柱体。同时，正交车铣可以看作工件静止，刀具旋转且绕工件轴线做螺旋运动，所以可以把正交车铣切削层的形成过程用图 3-1 表示。其中，铣刀从初始位置移动到终点位置的过程可以用两个参数 φ_z 和 f_{a,φ_z} 来表示。φ_z 表示正交车铣时铣刀转过一齿，工件相应转过的角度，如式（2-5）所示；f_{a,φ_z} 表示正交车铣时工件转过一个 φ_z 角，铣刀沿工件轴线移动的距离，其公式如式（3-1）所示。

$$f_{a,\varphi_z} = \frac{f_a}{Z(n_t/n_w)} \tag{3-1}$$

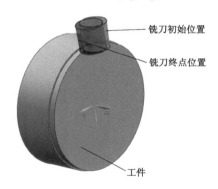

（a）正交车铣刀具运动的三维示意图

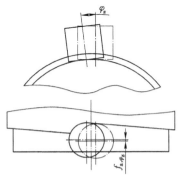

（b）正交车铣刀具运动的二维示意图

图 3-1　正交车铣切削层形成过程的示意图

如图 3-1 所示,正交车铣时切削层的形成可以看作工件在静止状态下,圆柱体铣刀从初始位置沿工件轴线旋转一个角度 φ_z,同时沿工件轴线移动距离 f_{n,φ_z},最终到达终点位置。此时,刀具两处位置与工件的交集部分即为切削层的几何形状。本书采用 NX 8.5 软件对此过程进行仿真,结果如图 3-2 所示。

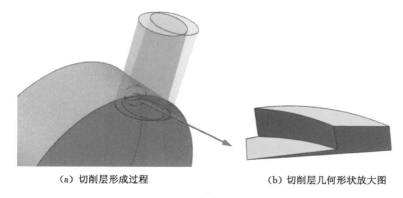

(a) 切削层形成过程　　　　　　(b) 切削层几何形状放大图

图 3-2　正交车铣切削层的几何形状

3.1.2　正交车铣加工参数对切削层几何形状的影响

采用上述方法,可以对不同切削参数下正交车铣的切削层几何形状进行仿真,具体结果如下。

3.1.2.1　顺铣和逆铣对切削层几何形状的影响

正交车铣顺铣时,切削厚度由厚变薄,对刀具有利;逆铣时,切削厚度由薄变厚,会增加刀具磨损,如图 3-3 所示。所以,在正交车铣时应选择顺铣。

3.1.2.2　偏心量 e 对切削层几何形状的影响

正交车铣时,偏心量方向也是需要考虑的一个因素。按照图 2-16 建立的坐标系方向设定偏心量 $e=7$ mm 和 -7 mm,其对应的切削层几何形状仿真结果如图 3-4 所示。由图可知,正交车铣时,正方向偏心产生的切削层几何形状要比负方向偏心复杂,且在切削深度方向的变动更大,这会增加切削力突变的趋势,使得刀具承受的机械冲击增大,故正交车铣时应采用负方向偏心。

不同偏心量 e 值下的正交车铣切削层几何形状仿真结果如图 3-5 所示。

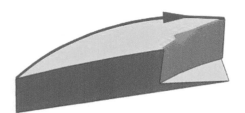

(a) 顺铣切削层的三维几何形状

(b) 逆铣切削层的三维几何形状

$r_w = 40$ mm、$r_t = 10$ mm、$a_p = 2$ mm、$f_a = 2$ mm/r、$e = 0$ mm、$\lambda = 50$、$Z = 1$。

图 3-3   顺铣和逆铣对正交车铣切削层几何形状的影响

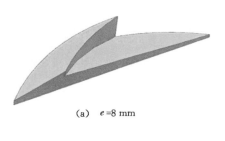

(a) $e = 8$ mm

(b) $e = -8$ mm

$r_w = 40$ mm、$r_t = 10$ mm、$a_p = 2$ mm、$f_a = 2$ mm/r、$\lambda = 100$、$Z = 1$，顺铣。

图 3-4   偏心方向对正交车铣切削层几何形状的影响

图中,偏心量 $e=0$ mm 时,刀具的底刃参与切削的程度最大,随着偏心量 e 绝对值的增加,刀具底刃参与切削的区域减小,切削深度的变化也随之减小,相应的切削力波动会降低,刀具耐用度提高。因此,正交车铣时应尽可能选择绝对值大的偏心量。

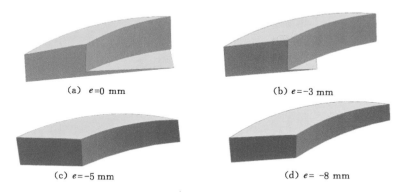

(a) $e=0$ mm   (b) $e=-3$ mm

(c) $e=-5$ mm   (d) $e=-8$ mm

$r_w=40$ mm、$r_t=10$ mm、$a_p=2$ mm、$f_a=2$ mm/r、$\lambda=100$、$Z=1$,顺铣。

图 3-5 偏心量对正交车铣切削层几何形状的影响

3.1.2.3 转速比 λ 对切削层几何形状的影响

转速比越大,切削层底面的长度越小,相应加工表面粗糙度值越小。同时,随着转速比的增大,切削层体积下降且切削层变薄。此时,切削力和切削力的波动都会下降,有利于提高刀具耐用度和加工表面质量,如图 3-6 所示。因此,正交车铣粗精加工时都应尽可能提高转速比。

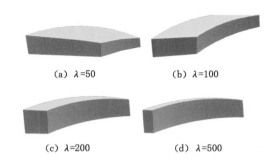

(a) $\lambda=50$ (b) $\lambda=100$

(c) $\lambda=200$ (d) $\lambda=500$

$r_w=40$ mm、$r_t=10$ mm、$a_p=2$ mm、$f_a=2$ mm/r、$e=-8$ mm、$Z=1$,顺铣。

图 3-6 转速比对正交车铣切削层几何形状的影响

3.1.2.4 切削深度 a_p 对切削层几何形状的影响

随着切削深度的减小,切削层体积减小,切削力随之降低,如图 3-7 所示。

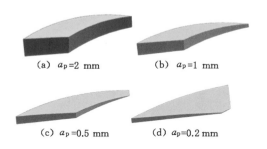

(a) a_p=2 mm (b) a_p=1 mm

(c) a_p=0.5 mm (d) a_p=0.2 mm

$r_w=40$ mm、$r_t=10$ mm、$a_p=2$ mm、$f_a=2$ mm/r、$e=-8$ mm、$\lambda=100$、$Z=1$,顺铣。

图 3-7 切削深度对正交车铣切削层几何形状的影响

3.1.2.5 工件半径 r_w 对切削层几何形状的影响

在刀具半径不变的前提下,工件半径 $r_w=10$ mm 时,切削层在切削深度方向的变化幅度是从 2 mm 减小到 0。随着工件半径的增加,切削层在切削深度方向的变化趋势是减小的,则切削力的波动也随之减小,这表明正交车铣在大型回转零件上具有一定的优势,如图 3-8 所示。

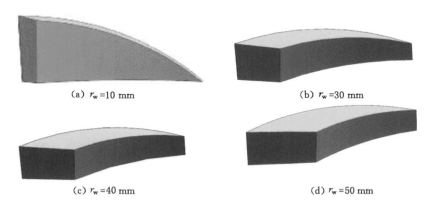

(a) r_w=10 mm (b) r_w=30 mm

(c) r_w=40 mm (d) r_w=50 mm

$r_t=10$ mm、$a_p=2$ mm、$f_a=2$ mm/r、$e=-8$ mm、$\lambda=100$、$Z=1$,顺铣。

图 3-8 工件半径对正交车铣切削层几何形状的影响

图 3-9(a)～(c)表示的是在固定的参数下,刀具半径变化对正交车铣切削层几何形状的影响。当刀具半径 r_t 从 10 mm 增加到 15 mm 时,切削层无明显变化;r_t 增加到 25 mm 时,切削层发生了一定的变化,即刀具底刃参与切削所占比例有所增加。刀具半径 $r_t=25$ mm 不变,改变偏心量 e,如图 3-9(c)～(e)所示,当偏心量 e 绝对值从 7 mm 增加到 20 mm 时,对应的切削层几何形状发生明显变化,这说明正交车铣的切削层几何形状不是由某个参数单独决定的,而是由几个参数共同决定的。

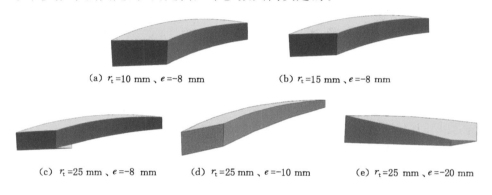

(a) $r_t=10$ mm、$e=-8$ mm   (b) $r_t=15$ mm、$e=-8$ mm

(c) $r_t=25$ mm、$e=-8$ mm   (d) $r_t=25$ mm、$e=-10$ mm   (e) $r_t=25$ mm、$e=-20$ mm

$r_w=40$ mm、$a_p=2$ mm、$f_a=2$ mm/r、$\lambda=100$、$Z=1$,顺铣。

图 3-9   刀具直径和偏心量对正交车铣切削层几何形状的影响

综上所述,正交车铣无论在什么切削参数下,其切削层明显呈变切厚和变切深的状态。不同的切削参数条件下,正交车铣切削层的变切厚和变切深的规律较为复杂。但是,通过上述的仿真分析,我们可以得到如下定性结论:采用正交车铣时,应采用顺铣和负方向偏心加工方式,根据工件直径/刀具直径的比值匹配合适的切削深度,偏心量的绝对值和转速比愈大,愈利于降低切削力的波动,提高刀具使用寿命和加工表面质量。

3.2   正交车铣切削层几何形状的解析模型

上述的正交车铣切削层几何形状仿真分析,为切削层几何形状的变化规律提供了定性的判断依据,但缺乏明确的定量分析,无法给实际的加工提供详细的指导。因此,本节将对正交车铣切削层几何形状进行数学建模,为正交车铣切削层几何形状的变化提供定量分析依据,为正交车铣切削力的仿真提供基础,从而对正交车铣的加工过程进行定量分析,最终为正交车铣切削参数的优化提供详细指导。

正交车铣可分为顺铣和逆铣,由于顺铣和逆铣的切削层几何形状形成规律一致,所以本节只对正交车铣顺铣的切削层几何形状进行数学建模和分析。

3.2.1 正交车铣切削层几何形状类别的判断

建立正交车铣刀具工件的位置关系,如图 3-10 所示。工件按照 n_w 方向转过 φ_z 角,假设工件不动,则相当于铣刀从位置 1 旋转到位置 2,表示铣刀转过一齿后的刀具位置,且两刀具位置对应的铣刀底刃相交于 A 点。正交车铣切削层可以看作铣刀在两刀具位置处和工件相交的区域,故本书在不考虑动力学影响的情况下静态分析切削层的形成过程。

其中,θ 为工件已加工表面形成轮廓的螺旋角,即:

$$\theta = \arctan\left[2\pi(r_w - a_p)/f_a\right] \tag{3-2}$$

过刀具的中心点 O_{t1} 和 O_{t2} 分别作工件已加工表面形成轮廓的垂线,两垂线分别与铣刀位置 1 和位置 2 对应中心线的夹角都为 ψ,则:

$$\psi = \frac{\pi}{2} - \theta \tag{3-3}$$

正交车铣时工件转过一个 φ_z 角,铣刀沿工件已加工表面形成轮廓移动的距离为:

$$f_z = \frac{\sqrt{f_a^2 + \left[2\pi(r_w - a_p)\right]^2}}{Z\lambda} \tag{3-4}$$

铣刀位置 1 和铣刀位置 2 时,铣刀侧刃与工件已加工表面形成轮廓分别相交于 B 点和 C 点,而两铣刀位置对应的铣刀侧刃相交于 D 点。由于 A 点为两刀具位置对应的铣刀底刃相交点,则 A、B、D 三点在 y_w 轴上的值分别为:

$$A_y = -(r_w - a_p)\tan(\varphi_z/2) \tag{3-5}$$

$$B_y = \left(\sqrt{2r_t f_a \cos\psi - f_a^2 \cos^2\psi} - f_z\right)\cos\psi + e \tag{3-6}$$

$$D_y = e - r_t \sin\psi - \frac{1}{2}f_z\cos\psi \tag{3-7}$$

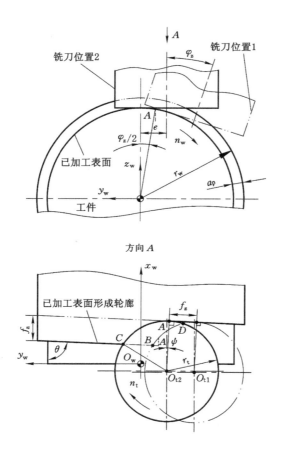

图 3-10 正交车铣时刀具和工件的位置关系图(顺铣)

通过上述分析可知,正交车铣五个切削参数(工件半径 r_w、切削深度 a_p、铣刀转速 n_t、工件转速 n_w 和铣刀齿数 Z)影响 A_y 的值,而更多的切削参数会影响 B_y 和 D_y 的值。当上述五个切削参数 r_w、a_p、n_t、n_w 和 Z 给定时,铣刀半径 r_t、铣刀轴向进给量 f_a 和偏心距 e 的变化会改变 B_y 和 D_y 的值,从而导致 A 点相对于 B 点和 D 点的位置改变。通过 A、B、D 三点的相互位置,可确定 $A_y \geqslant B_y$、$D_y \leqslant A_y < B_y$ 和 $A_y < D_y$ 三种情况,从而判断正交车铣切削层具有三种不同的形状特征。

3.2.2 正交车铣三种切削层几何形状的数学建模

3.2.2.1 $A_y \geqslant B_y$情况下的切削层几何形状建模

（1）切削层形成过程

当 $A_y \geqslant B_y$ 时，两铣刀位置对应的铣刀底刃相交点 A 在 y_w 轴上的位置处于 B 点和 C 点之间，如图 3-11(a)所示。

切削层是铣刀从刀具位置 1 运动到位置 2 的过程中从工件切削下来的体貌。图 3-11(a)中，在铣刀位置 1 时，铣刀侧刃与工件外表面相交于圆弧 BD，与工件已加工表面形成轮廓分别相交于线段 BB'；在铣刀位置 2 时，铣刀侧刃与工件外表面相交于圆弧 CD，与工件已加工表面形成轮廓相交于线段 CC'；线段 DD' 是两铣刀位置对应铣刀侧刃的相交线。因此，从圆弧 CD 向右到圆弧 BD 的区域为铣刀侧刃形成的切削层。

对应于两铣刀位置，铣刀底刃相交于线段 AA' 层。假设铣刀底刃参与切削，铣刀底刃产生的切削层只能处于线段 AA' 向左到圆弧 CD 的范围内，但此时铣刀底刃形成的切削层处于铣刀侧刃形成的切削层范围内。因此，$A_y \geqslant B_y$ 情况下，只有铣刀侧刃进行切削，即正交车铣切削层的形成只和铣刀侧刃有关，和铣刀底刃无关。

$A_y \geqslant B_y$ 情况下，建立正交车铣切削层的坐标系，如图 3-11(a)所示。以工件端面中心建立坐标系 $O_w\text{-}x_w y_w z_w$，以铣刀位置 2 时的铣刀圆心为基准点，以该位置时的铣刀水平轴为切入/切出角的起始基准轴。其中，$\varphi_{st,C}$ 是铣刀从 C 点切入工件对应的切入角，$\varphi_{st,B}$ 是从 B 点切入工件对应的切入角，$\varphi_{ex,D}$ 是从 D 点切出工件对应的切出角，φ_i 是铣刀第 i 个刀齿的瞬时接触角（$i=1,2,\cdots,Z$），$h_p(\varphi_i)$ 是铣刀旋转到 φ_i 角度时侧刃对应的切削厚度，$a_p(\varphi_i)$ 是铣刀旋转到 φ_i 角度时侧刃对应的切削深度。

图 3-11(b)所示为铣刀刀齿的瞬时接触角 φ_i 在不同条件下正交车铣切削层截面形状的 2 种变化情况，具体分析如下：

当 $\varphi_{st,C} \leqslant \varphi_i \leqslant \varphi_{st,B}$ 时，正交车铣的切削层截面左边为铣刀位置 2 时的铣刀侧刃和剖面 $a\text{—}a$ 的相交线，故为铅垂线；切削层截面右边为工件已加工表面形成轮廓与剖面 $a\text{—}a$ 的相交线，故也为铅垂线；切削层截面底边为铣刀位置 2 时的铣刀底刃和剖面 $a\text{—}a$ 的相交线，故为水平线；切削层截面上

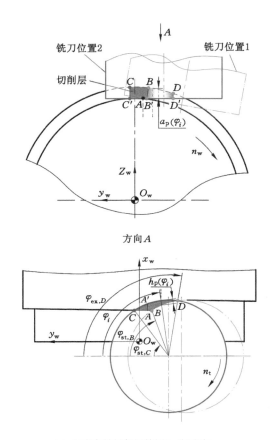

（a）正交车铣切削层的切入/切出角

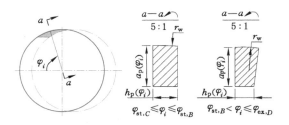

（b）正交车铣的切削层截面形状

图 3-11 $A_y \geqslant B_y$ 情况下正交车铣切削层的形成过程

边为工件圆柱表面和剖面 a—a 的相交线，故为圆弧，由于该圆弧弧长很小、对切削层面积的影响甚小，因此可等同于直线。

当 $\varphi_{st,B} < \varphi_i \leqslant \varphi_{ex,D}$ 时，正交车铣的切削层截面左边为铣刀位置 2 时的铣刀侧刃和剖面 a—a 的相交线，故为铅垂线；切削层截面右边为铣刀位置 1 时的铣刀侧刃和剖面 a—a 的相交线，故为斜线，由于在实际切削过程中，铣刀从铣刀位置 1 旋转到位置 2 的 φ_z 很小，所以可以把切削层截面右边作为铅垂线计算；切削层截面底边为铣刀位置 2 时的铣刀底刃和剖面 a—a 的相交线，故为水平线；切削层截面上边为工件圆柱表面和剖面 a—a 的相交线，故为圆弧，可等同于直线。

（2）切削层几何形状建模

如图 3-11(b)所示，对应于 $\varphi_{st,C} \leqslant \varphi_i \leqslant \varphi_{st,B}$ 和 $\varphi_{st,B} < \varphi_i \leqslant \varphi_{ex,D}$ 两种不同的切削层截面变化状态，$A_y \geqslant B_y$ 情况下正交车铣切削层的切入/切出角度、切削厚度和切削深度建模如下[62]。

① 正交车铣切削层的切入/切出角

正交车铣的切削层是铣刀切入和切出工件产生的。在 $A_y \geqslant B_y$ 情况下，只有铣刀侧刃参与切削并形成切削层，因此该情况下只涉及铣刀侧刃的切入/切出角。铣刀切削产生切削层的角度范围是 $\varphi_{st,C} \leqslant \varphi_i \leqslant \varphi_{st,B}$，可得：

$$\begin{cases} \varphi_{st,C} = \arcsin(1 - f_a\cos\psi/r_t) + \psi \\ \varphi_{st,B} = \arctan(\dfrac{r_t - f_a\cos\psi}{\sqrt{2r_t f_a\cos\psi - f_a^2\cos^2\psi - f_z}}) + \psi \\ \varphi_{ex,D} = \arctan(0.5f_z/r_t) + \psi + \pi/2 \end{cases} \qquad (3\text{-}8)$$

② 正交车铣切削层的切削厚度

$A_y \geqslant B_y$ 情况下只有铣刀侧刃形成切削层，铣刀从点 C 切入工件到达 B 点，然后再从 B 点运动到 D 切出工件，当铣刀旋转到瞬时接触角 φ_i 时，这两段运动过程对应的切削厚度 $h_p(\varphi_i)$ 应该分别测量对应的线段 BC 和圆弧 CD 以及圆弧 BD 和 CD 之间的距离，测量方向应始终与铣刀的切削速度方向垂直，则切削厚度 $h_p(\varphi_i)$ 的解析模型如下：

$$\begin{cases} h_p(\varphi_i) = r_t - y_1, \varphi_{st,C} \leqslant \varphi_i \leqslant \varphi_{st,B} \\ h_p(\varphi_i) = f_z\cos(\varphi_i - \psi) + r_t - y_2, \varphi_{st,B} < \varphi_i \leqslant \varphi_{ex,D} \end{cases} \qquad (3\text{-}9)$$

式中　$y_1 = (r_t - f_a\cos\psi)/\sin(\varphi_i - \psi)$；

$$y_2 = [r_{t2} - (f_z \sin(\varphi_i - \psi))^2]^{1/2}。$$

③ 正交车铣切削层的切削深度

$A_y \geqslant B_y$ 情况下,当铣刀旋转到瞬时接触角 φ_i 时,对应切削深度 $a_p(\varphi_i)$ 应该测量铣刀在位置 2 时的底刃和工件表面之间的距离,测量方向与切削厚度 $h_p(\varphi_i)$ 的测量方向垂直,则切削深度 $a_p(\varphi_i)$ 的解析模型为:

$$a_p(\varphi_i) = \sqrt{r_w^2 - (r_t \cos \varphi_i + e)^2} - r_w + a_p, \varphi_{st,C} \leqslant \varphi_i \leqslant \varphi_{ex,D}$$

$$(3\text{-}10)$$

3.2.2.2　$D_y \leqslant A_y < B_y$ 情况下的切削层几何形状建模

（1）切削层形成过程

$D_y \leqslant A_y < B_y$ 时,两铣刀位置对应的铣刀底刃相交点 A 在 y_w 轴上的位置处于 B 点和 D 点之间,如图 3-12(a)所示。

在铣刀位置 1 时,铣刀侧刃与工件外表面相交于圆弧 BD 且与工件已加工表面形成轮廓相交于线段 BB',铣刀底刃与工件已加工表面形成轮廓相交于线段 $B'A$;在铣刀位置 2 时,铣刀侧刃与工件外表面相交于圆弧 CD 且与工件已加工表面形成轮廓相交于线段 CC',铣刀底刃与工件已加工表面形成轮廓相交于线段 $C'A$;线段 AA' 是两铣刀位置对应铣刀底刃的相交线,DD' 是两铣刀位置对应铣刀侧刃的相交线。

线段 AA' 处于圆弧 BD 右边,铣刀侧刃形成的切削层处于从圆弧 BD 到圆弧 CD 的范围内,而铣刀底刃形成的切削层处于从线段 AA' 向左到圆弧 BD 的范围内,这表明铣刀底刃形成的切削层位于侧刃形成的切削层范围之外。因此,$D_y \leqslant A_y < B_y$ 时,铣刀侧刃和底刃都参与切削,即正交车铣切削层的形成和铣刀侧刃、底刃都有关系。

$D_y \leqslant A_y < B_y$ 情况下,正交车铣的切削层形成分为 4 个阶段,切削层截面形状各不相同。每个阶段的切削层切入/切出角、切削厚度和切削深度如图 3-12(a)所示,每个阶段的切削层截面形状如图 3-12(b)所示。

图 3-12(a)中,铣刀侧刃和底刃都参与切削层的形成,所以铣刀的切入/切出角涉及铣刀侧刃和底刃两部分。其中,$\varphi_{st,C}$ 是铣刀侧刃从 C 点切入工件对应的切入角,$\varphi_{st,B}$ 既是铣刀侧刃也是铣刀底刃从 B 点切入工件对应的切入角,$\varphi_{ex,A}$ 和 $\varphi_{ex,A'}$ 为铣刀底刃切出工件对应的两个切出角,$\varphi_{ex,D}$ 是铣刀侧刃从 D 点切出工件对应的切出角。

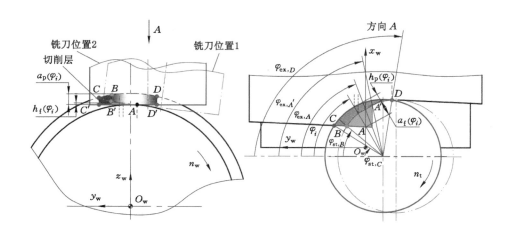

（a）正交车铣切削层的切入/切出角

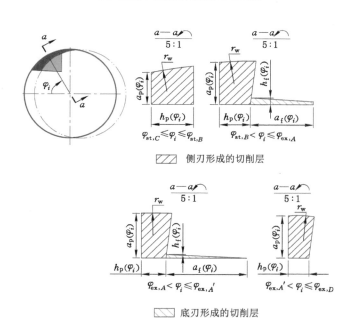

（b）正交车铣的切削层截面形状

图 3-12　$D_y \leqslant A_y < B_y$ 情况下正交车铣切削层的形成过程

φ_i是铣刀第 i 个刀齿的瞬时接触角,$h_p(\varphi_i)$是铣刀旋转到 φ_i 角度时侧刃对应的切削厚度,$a_p(\varphi_i)$ 是铣刀旋转到 φ_i 角度时侧刃对应的切削深度;$h_f(\varphi_i)$是铣刀旋转到 φ_i 角度时底刃对应的切削厚度,$a_f(\varphi_i)$ 是铣刀旋转到 φ_i 角度时底刃对应的切削深度。

图 3-12(b)所示为铣刀刀齿的瞬时接触角 φ_i 在不同条件下正交车铣切削层截面形状的变化情况,具体分析如下:

当 $\varphi_{st,C} \leqslant \varphi_i \leqslant \varphi_{st,B}$时,正交车铣的切削层由铣刀侧刃形成,其切削层截面形状和 $A_y \geqslant B_y$ 情况下 $\varphi_{st,C} \leqslant \varphi_i \leqslant \varphi_{st,B}$ 阶段的相同。

当 $\varphi_{st,B} < \varphi_i \leqslant \varphi_{ex,A}$时,正交车铣的切削层由侧刃和底刃共同形成。侧刃形成的切削层截面形状和 $A_y \geqslant B_y$ 情况下 $\varphi_{st,B} < \varphi_i \leqslant \varphi_{ex,D}$ 阶段的相同。底刃形成的切削层截面左边与侧刃形成的切削层截面右边共线;底刃形成的切削层截面右边为工件已加工表面形成轮廓与剖面 a—a 的相交线,故也为铅垂线;底刃形成的切削层截面底边与侧刃形成的底边共线;底刃形成的切削层截面上边为铣刀位置 1 时的铣刀底刃和剖面 a—a 的相交线,故为斜线,该斜线和水平线的夹角为 φ_z(该值很小),为了计算方便,把该斜线理想化为水平线,即底刃形成的切削层截面为矩形。

当 $\varphi_{ex,A} < \varphi_i \leqslant \varphi_{ex,A'}$ 时,正交车铣的切削层截面也是由侧刃和底刃共同形成。底刃形成的切削层截面右侧为一个点,是铣刀底刃分别在铣刀位置 1 和铣刀位置 2 时的相交线与剖面 a—a 的相交点。切削层截面其他边的构成和 $\varphi_{st,B} < \varphi_i \leqslant \varphi_{ex,A}$情况相同。

当 $\varphi_{ex,A'} < \varphi_i \leqslant \varphi_{ex,D}$时,正交车铣的切削层由铣刀侧刃形成,侧刃形成的切削层截面形状和 $A_y \geqslant B_y$ 情况下 $\varphi_{st,B} < \varphi_i \leqslant \varphi_{ex,D}$ 阶段的相同。

(2)切削层几何形状建模

如图 3-12(b)所示,对应于上述四种不同的切削层截面变化状态,$D_y \leqslant A_y < B_y$ 情况下正交车铣切削层的切入/切出角度、切削厚度和切削深度的建模过程如下[62-63]。

① 正交车铣切削层的切入/切出角

$D_y \leqslant A_y < B_y$ 情况下,正交车铣的切削层由铣刀侧刃和底刃共同作用产生,因此切削层的切入/切出角包括侧刃和底刃两部分。

在铣刀位置 2 时,铣刀刀齿侧刃先从 C 点切入工件,然后铣刀底刃从 B

点切入工件,铣刀底刃经过 A 点后从 A' 点切出工件,最后铣刀侧刃从 D 点切出工件。即铣刀侧刃在从 C 点切入到 D 点切出的过程中一直参与切削,而铣刀底刃只在从 B 点切入到 A' 点切出的过程中参与切削。因此,$D_y \leqslant A_y < B_y$ 情况下,铣刀侧刃切削产生切削层的角度范围是 $\varphi_{st,C} \leqslant \varphi_i \leqslant \varphi_{st,D}$,铣刀底刃切削产生切削层的角度范围是 $\varphi_{st,B} \leqslant \varphi_i \leqslant \varphi_{ex,A'}$,其切入/切出角的解析模型如下:

$$
\begin{cases}
\varphi_{st,C} = \arcsin(1 - f_a \cos \psi / r_t) + \psi \\[2mm]
\varphi_{st,B} = \arctan\left(\dfrac{r_t - f_a \cos \psi}{\sqrt{2 r_t f_a \cos \psi - f_a^2 \cos^2 \psi} - f_z}\right) + \psi \\[2mm]
\varphi_{ex,A} = \arctan\left(\tan \psi + \dfrac{r_t/\cos \psi - f_a}{|y_3|}\right) \\[2mm]
\varphi_{ex,A'} = \arctan\left(\dfrac{\sqrt{r_t^2 - \left[|y_3| + 2\pi(r_w - a_p)/(\lambda Z)\right]^2}}{|y_3|}\right) \\[2mm]
\varphi_{ex,D} = \arctan(0.5 f_z/r_t) + \psi + \pi/2
\end{cases}
\tag{3-11}
$$

式中 $y_3 = e + (r_w - a_p)\tan(0.5\varphi_z)$。

② 正交车铣切削层的切削厚度

$D_y \leqslant A_y < B_y$ 情况下,铣刀侧刃和底刃都进行切削和产生切削层,因此切削厚度和两者都有关系,同时,需要考虑铣刀瞬时接触角 φ_i 对应的切削厚度处在何种切入/切出角阶段。铣刀侧刃和底刃形成的切削厚度的解析模型如下:

$$
\begin{cases}
h_p(\varphi_i) = r_t - y_1 & \cdot \varphi_{st,C} \leqslant \varphi_i \leqslant \varphi_{st,B} \\[2mm]
h_p(\varphi_i) = f_z \cos(\varphi_i - \psi) + r_t - y_2 & \cdot \varphi_{st,B} < \varphi_i \leqslant \varphi_{ex,D} \\[2mm]
h_f(\varphi_i) = [y_2 - f_z \cos(\varphi_i - \psi)\cos \varphi_i + y_3]\tan \varphi_z & \cdot \varphi_{st,B} < \varphi_i \leqslant \varphi_{ex,A'}
\end{cases}
\tag{3-12}
$$

③ 正交车铣切削层的切削深度

$D_y \leqslant A_y < B_y$ 情况下,切削深度不仅和铣刀侧刃、底刃都有关系,也和铣刀瞬时接触角 φ_i 处在何种切入/切出角阶段有关。因此,当铣刀旋转到瞬时接触角 φ_i 时,侧刃和底刃对应的切削深度解析模型为:

$$
\begin{cases}
a_p(\varphi_i) = \sqrt{r_w^2 - (r_t \cos \varphi_i + e)^2} - r_w + a_p & \cdot \varphi_{st,C} \leqslant \varphi_i \leqslant \varphi_{ex,D} \\[2mm]
a_f(\varphi_i) = y_2 - f_z \cos(\varphi_i - \psi) - y_1 & \cdot \varphi_{st,B} \leqslant \varphi_i \leqslant \varphi_{ex,A} \\[2mm]
a_f(\varphi_i) = y_2 - f_z \cos(\varphi_i - \psi) - |y_3|/\cos \varphi_i & \cdot \varphi_{ex,A} \leqslant \varphi_i \leqslant \varphi_{ex,A'}
\end{cases}
\tag{3-13}
$$

3.2.2.3 $A_y < D_y$ 情况下的切削层几何形状建模

（1）切削层形成过程

当 $A_y < D_y$ 时，两铣刀位置对应的铣刀底刃相交点 A 在 y_w 轴上的位置处于 D 点右边，如图 3-13(a) 所示。

在铣刀位置 1 时，铣刀侧刃与工件外表面相交于圆弧 DE'，铣刀底刃与工件外表面和工件已加工表面形成轮廓分别相交于线段 EE' 和 EA；铣刀位置 2 时，铣刀侧刃与工件外表面相交于圆弧 DF'，铣刀底刃与工件外表面和工件已加工表面形成轮廓分别相交于线段 FF' 和 FA；线段 AA' 是两铣刀位置对应铣刀底刃的相交线，DD' 是两铣刀位置对应铣刀侧刃的相交线。

当铣刀从位置 1 运动到位置 2 时，铣刀侧刃从圆弧 DE' 运动到 DF'，铣刀底刃以线段 AA' 为轴，从平面 $AA'E'E$ 旋转到平面 $AA'F'F$。线段 AA' 处于圆弧 DE' 右边，则铣刀侧刃形成的切削层处于从圆弧 DE' 到圆弧 DF' 的范围内，而铣刀底刃形成的切削层处于从线段 AA' 向左到圆弧 DE' 的范围内，此时底刃参与切削且形成的切削层体积大于侧刃的，如图 3-13(a) 所示。

根据切削层切入/切出角的变化，切削层的形成分为六个阶段。每个阶段的切削层截面形状各不相同，其切削层截面形状（切削厚度和切削深度）随切入/切出角的变化过程如图 3-13(b) 所示。

当 $\varphi_{\mathrm{st},F} \leqslant \varphi_i \leqslant \varphi_{\mathrm{st},F'}$ 时，正交车铣的切削层由铣刀底刃形成。切削层截面左侧为一个点，是铣刀位置 2 的铣刀底刃和工件圆柱表面相交线与剖面 a—a 的相交点；切削层截面右边为工件已加工表面形成轮廓与剖面 a—a 的相交线，故为铅垂线；切削层截面底边为铣刀位置 2 时的铣刀底刃和剖面 a—a 的相交线，故为水平线；切削层截面上边为工件圆柱表面与剖面 a—a 的相交线。

当 $\varphi_{\mathrm{st},F'} < \varphi_i \leqslant \varphi_{\mathrm{st},E}$ 时，正交车铣的切削层由侧刃和底刃共同形成。侧刃和底刃形成的切削层截面的底边共线，是铣刀位置 2 时铣刀底刃与剖面 a—a 的相交线，故为水平线；侧刃和底刃形成的切削层截面的上边也共线，是工件圆柱表面与剖面 a—a 的相交线，故为圆弧。侧刃形成的切削层截面左边和右边与 $A_y \geqslant B_y$ 情况下 $\varphi_{\mathrm{st},B} < \varphi_i \leqslant \varphi_{\mathrm{ex},D}$ 阶段的相同。底刃形成的切削层截面左边与侧刃形成的切削层截面右边共线；底刃形成的切削层截面右边为工件已加工表面形成轮廓与剖面 a—a 的相交线，故为铅垂线。

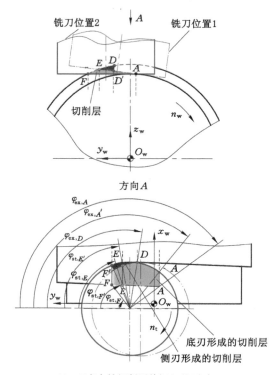

方向 A

（a）正交车铣切削层的切入/切出角

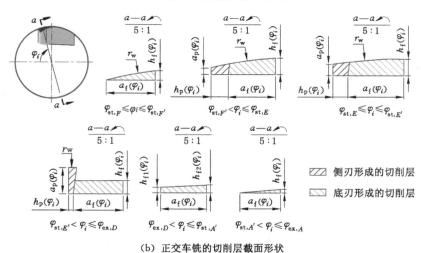

（b）正交车铣的切削层截面形状

图 3-13 $A_y < D_y$ 情况下正交车铣切削层的形成过程

当 $\varphi_{st,E}<\varphi_i\leqslant\varphi_{st,E'}$ 时,正交车铣的切削层由侧刃和底刃共同形成。侧刃形成的切削层截面形状与 $A_y\geqslant B_y$ 情况下 $\varphi_{st,B}<\varphi_i\leqslant\varphi_{ex,D}$ 阶段的相同。底刃形成的切削层截面左边和侧刃形成的切削层截面右边共线;底刃形成的切削层截面右边是工件已加工表面形成轮廓与剖面 a—a 的相交线,为铅垂线;底刃形成的切削层截面底边与侧刃形成的切削层截面底边共线,为水平线;底刃形成的切削层截面上边为两部分,左边部分是工件圆柱表面与剖面 a—a 的相交线,为圆弧,右边部分是刀具位置 1 时的铣刀底刃与剖面 a—a 的相交线,为斜线。

当 $\varphi_{st,E'}<\varphi_i\leqslant\varphi_{ex,D}$ 时,正交车铣的切削层由侧刃和底刃共同形成。侧刃和底刃形成的切削层截面形状和 $D_y\leqslant A_y<B_y$ 情况下 $\varphi_{st,B}<\varphi_i\leqslant\varphi_{ex,A}$ 阶段的相同。

当 $\varphi_{ex,D}<\varphi_i\leqslant\varphi_{st,A'}$ 时,正交车铣的切削层由底刃形成。底刃形成的切削层截面左边是铣刀位置 1 时的铣刀侧刃与剖面 a—a 的相交线,为铅垂线;切削层截面右边是工件已加工表面形成轮廓与剖面 a—a 的相交线,为铅垂线;切削层截面底边是铣刀位置 2 时的铣刀底刃与剖面 a—a 的相交线,为水平线;切削层截面上边是铣刀位置 1 时的铣刀底刃与剖面 a—a 的相交线,为斜线。

当 $\varphi_{st,A'}<\varphi_i\leqslant\varphi_{ex,A}$ 时,正交车铣的切削层由底刃形成。底刃形成的切削层截面左侧为一点,是线段 AA' 与剖面 a—a 的相交点;切削层截面右边是工件已加工表面形成轮廓与剖面 a—a 的相交线,为铅垂线;切削层截面底边和上边与 $\varphi_{ex,D}\leqslant\varphi_i\leqslant\varphi_{st,A'}$ 阶段的相同。需要注意的是角度 $\varphi_{st,A'}$ 和 $\varphi_{ex,A}$ 与线段 AA' 长度对应,偏心距 e 和进给量 f_a 的大小与线段 AA' 的长度成正比。当 e 和 f_a 过小时甚至会出现线段 AA' 长度等于 0 的情况,即点 A 和 A' 重合,在后续切削层几何建模中应考虑该特殊情况。为解决此问题,建模中当 $\varphi_{st,A'}\geqslant\varphi_{st,A}$ 时,设 $\varphi_{ex,A}=\varphi_{st,A'}$,即点 A 和 A' 重合。

（2）切削层几何形状建模

对应于上述六种不同的切削层截面变化状态,$A_y<D_y$ 情况下正交车铣切削层的切入/切出角度、切削厚度和切削深度的建模过程如下[62,64]。

① 正交车铣切削层的切入/切出角

$A_y<D_y$ 情况下,正交车铣的切削层由铣刀侧刃和底刃共同作用产生,

切削层的切入/切出角包括侧刃和底刃两部分。铣刀侧刃只在 $\varphi_{st,F'} \leqslant \varphi_i \leqslant \varphi_{ex,D}$ 状态下参与切削并形成切削层,而铣刀底刃在 $\varphi_{st,F} \leqslant \varphi_i \leqslant \varphi_{ex,A}$ 切削层整个形成过程中一直参与切削。其切入/切出角的解析模型如下:

$$
\begin{cases}
\varphi_{st,F} = \arctan\left(\tan\psi + \dfrac{r_t - f_a\cos\psi}{\cos\psi(\sqrt{2r_wa_p - a_p^2} - e)}\right) \\[4mm]
\varphi_{st,F'} = \arccos\left(\dfrac{\sqrt{2r_wa_p - a_p^2} - e}{r_t}\right) \\[4mm]
\varphi_{st,E} = \arctan\left(\tan\psi + \dfrac{r_t - f_a\cos\psi}{\cos\psi[y_4 - y_3]}\right) \\[4mm]
\varphi_{st,E'} = \arccos\left(\dfrac{y_4 - y_3}{r_t}\right) \\[4mm]
\varphi_{ex,D} = \arctan(0.5f_z/r_t) + \psi + \pi/2 \\[4mm]
\varphi_{st,A'} = \arcsin\left(\dfrac{y_3}{r_t}\right) + \pi/2 \\[4mm]
\varphi_{ex,A} = \pi - \arctan\left(\dfrac{r_t - f_a\cos\psi}{y_3\cos\psi}\right)
\end{cases}
\tag{3-14}
$$

式中　$y_4 = \left[(2r_wa_p - a_{p2})^{1/2} - (r_w - a_p)\tan(0.5\varphi_z)\right]\cos\varphi_z$。

② 正交车铣切削层的切削厚度

当铣刀旋转到瞬时接触角 φ_i 时,铣刀侧刃形成切削层的切削厚度 $h_p(\varphi_i)$ 和底刃形成切削层的切削厚度 $h_f(\varphi_i)$ 的解析模型如下:

$$
\begin{cases}
h_p(\varphi_i) = f_z\cos(\varphi_i - \psi) + r_t - y_2 & ,\varphi_{st,F'} \leqslant \varphi_i \leqslant \varphi_{ex,D} \\[3mm]
h_f(\varphi_i) = \sqrt{r_w^2 - (y_1\cos\varphi_i + e)^2} - r_w + a_p & ,\varphi_{st,F} \leqslant \varphi_i \leqslant \varphi_{st,E} \\[3mm]
h_f(\varphi_i) = (y_1\cos\varphi_i + y_3)\tan\varphi_z & ,\varphi_{st,E} < \varphi_i \leqslant \varphi_{ex,D} \\[3mm]
h_{f1}(\varphi_i) = (r_t\cos\varphi_i + y_3)\tan\varphi_z & \\[3mm]
h_{f2}(\varphi_i) = (y_1\cos\varphi_i + y_3)\tan\varphi_z & ,\varphi_{st,D} < \varphi_i \leqslant \varphi_{st,A'} \\[3mm]
h_f(\varphi_i) = (y_1\cos\varphi_i + y_3)\tan\varphi_z & ,\varphi_{st,A'} < \varphi_i \leqslant \varphi_{ex,A} \\[3mm]
h_f(\varphi_i) = 0 & ,\varphi_i = \varphi_{ex,A} = \varphi_{st,A'}
\end{cases}
\tag{3-15}
$$

③ 正交车铣切削层的切削深度

当铣刀旋转到瞬时接触角 φ_i 时,铣刀侧刃形成切削层的切削深度 $a_p(\varphi_i)$ 和底刃形成切削层的切削深度 $a_f(\varphi_i)$ 的解析模型如下:

$$
\begin{cases}
a_{\mathrm{p}}(\varphi_i) = a_{\mathrm{p}} - r_{\mathrm{w}} + \sqrt{r_{\mathrm{w}}^2 - (r_{\mathrm{t}}\cos\varphi_i + e)^2} & , \varphi_{\mathrm{st},F'} \leqslant \varphi_i \leqslant \varphi_{\mathrm{ex},D} \\[2mm]
a_{\mathrm{f}}(\varphi_i) = \dfrac{\sqrt{2r_{\mathrm{w}}a_{\mathrm{p}} - a_{\mathrm{p}}^2} - e}{\cos\varphi_i} - y_1 & , \varphi_{\mathrm{st},F} \leqslant \varphi_i \leqslant \varphi_{\mathrm{st},F'} \\[2mm]
a_{\mathrm{f}}(\varphi_i) = y_2 - f_z\cos(\varphi_i - \psi) - y_1 & , \varphi_{\mathrm{st},F'} < \varphi_i \leqslant \varphi_{\mathrm{ex},D} \\[2mm]
a_{\mathrm{f}}(\varphi_i) = r_{\mathrm{t}} - y_1 & , \varphi_{\mathrm{ex},D} < \varphi_i \leqslant \varphi_{\mathrm{st},A'} \\[2mm]
a_{\mathrm{f}}(\varphi_i) = \dfrac{y_3}{\cos(\pi - \varphi_i)} - y_1 & , \varphi_{\mathrm{st},A'} < \varphi_i \leqslant \varphi_{\mathrm{ex},A} \\[2mm]
a_{\mathrm{f}}(\varphi_i) = 0 & , \varphi_i = \varphi_{\mathrm{ex},A} = \varphi_{\mathrm{st},A'}
\end{cases}
$$

$$(3\text{-}16)$$

3.3　三种切削层几何形状的试验验证

正交车铣切削层几何形状的验证在 Mazak INTEGREX 200-IVST 车铣复合加工中心上完成,如图 3-14 所示。加工工件为 TC21 钛合金;选用山特维克 CoroMill 390 系列立铣刀,刀杆型号为 R390-020A22-11M,刀杆切削直径 20 mm。刀片型号为 R390-11 T3 08E-PLW 1130,刀齿数为 1,前角 16°,后角 12°,圆角半径为 0.8 mm,刀刃宽 5 mm。

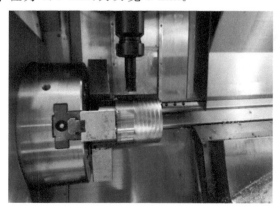

图 3-14　正交车铣切削层几何形状的试验验证

对应于上述三种切削层几何形状的切削参数被用于验证试验。当 $A_y \geqslant B_y$ 时,切削参数为:$r_{\mathrm{w}} = 40$ mm,$r_{\mathrm{t}} = 10$ mm,$a_{\mathrm{p}} = 2$ mm,$f_a = 2$ mm/r,$Z =$

$1,e=8$ mm$,\lambda=50$；当 $D_y\leqslant A_y<B_y$ 时，切削参数为：$r_w=40$ mm$,r_t=10$ mm，$a_p=1$ mm$,f_a=2$ mm/r$,Z=1,e=0$ mm$,\lambda=50$；当 $A_y<D_y$ 时，切削参数为：$r_w=40$ mm$,r_t=10$ mm$,a_p=1.5$ mm$,f_a=2$ mm/r$,Z=1,e=8$ mm$,\lambda=100$。

3.3.1　实际切屑和仿真切削层几何形状的验证

依据上述正交车铣三种切削层几何形状解析模型，使用 UG 和 MAT-LAB 软件生成切削层几何形状及刀具位置关系，正交车铣加工的实际切屑通过苏州英仕 ISM-DL301-Y 数码测量显微镜进行测量，如图 3-15～图 3-17 所示。

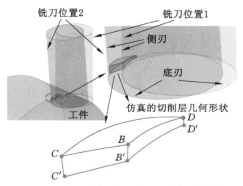

（a）切削层仿真几何形状及刀具位置关系

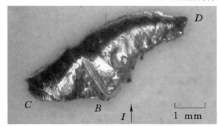

（b）切屑实物图（主视图）

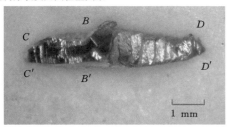

（c）切屑实物图（I 向视图）

图 3-15　$A_y\geqslant B_y$ 情况下切削层几何形状的仿真和试验验证

由图可见，虽然切削层从工件上分离形成切屑发生了很大变形，但从整体形状上进行对比可发现，实际切屑形状与切削层仿真的三维几何形状基本一致。当 $A_y\geqslant B_y$ 时，铣刀从位置 1 运动到位置 2，铣刀侧刃形成的切削层（切屑）轮廓分别为曲面 $BB'D'D$ 和 $CC'D'D$，仿真切削层和实际切屑中的线段

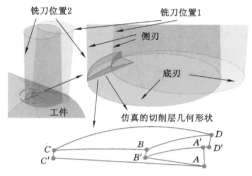

（a）切削层仿真几何形状及刀具位置关系

（b）切屑实物图（主视图）

（c）切屑实物图（I 向视图）

图 3-16 $D_y \leqslant A_y < B_y$ 情况下切削层几何形状的仿真和试验验证

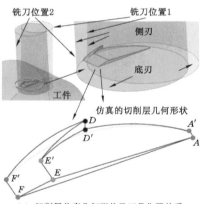

（a）切削层仿真几何形状及刀具位置关系

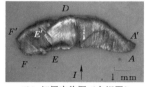
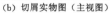

（b）切屑实物图（主视图）

（c）切屑实物图（I 向视图）

图 3-17 $A_y < D_y$ 情况下切削层几何形状的仿真和试验验证

BB'、CC'和DD'是一一对应的。当$D_y \leqslant A_y < B_y$时,铣刀从位置1运动到位置2,铣刀侧刃形成的切削层(切屑)轮廓分别为曲面$BB'D'D$和$CC'D'D$,铣刀底刃形成的切削层(切屑)轮廓分别为平面$B'AA'$和$C'AA'$,仿真切削层和实际切屑中的线段BB'、CC'、DD'和AA'是一一对应的。当$A_y < D_y$时,铣刀从位置1运动到位置2,铣刀侧刃形成的切削层(切屑)轮廓分别为曲面$DD'E'$和$DD'F'$,底刃形成的切削层(切屑)轮廓分别为平面$AA'D'E'E$和$AA'F'F$,仿真切削层和实际切屑中的线段AA'、EE'、FF'和DD'是一一对应的。该试验结果和分析验证了上述正交车铣三种切削层几何形状数学建模的正确性。

3.3.2 切削层参数的验证

切削层的切削深度和体积是两个重要的参数,两者会对切削力产生直接影响。上述三种正交车铣切削层几何形状中,$A_y < D_y$情况下的切削层几何形状最为复杂,因此对其切削深度和体积进行测量以进一步验证上述切削层几何形状数学建模的正确性。

车削和铣削时切削层的切削深度是恒量,而正交车铣切削层的切削深度是变化的,所以对$A_y < D_y$情况下切削层的最大切削深度[即图3-17(a)中D点到平面$AA'F'F$的垂直距离]进行仿真预测和试验实测。体积无法直接测得,采用精度为0.01 g的电子秤对切屑质量进行测量,通过工件密度间接得出正偏心正交车铣切屑的体积,测量结果如表3-1所示。

表3-1 正交车铣切削层参数预测与切屑实测对比

偏心距 e/mm	4	6	8
切削层最大切削深度预测值/mm	1.42	1.24	0.96
切屑最大切削深度实测值/mm	1.66	1.58	1.38
切削层体积预测值/mm³	16.89	16.25	14.86
切屑体积实测值/mm³	19.03	18.32	16.58

表3-1中,当$e=4$ mm、6 mm、8 mm时,对应的切屑实测最大切削深度分别为1.66 mm、1.58 mm和1.38 mm。理论上,切屑的最大切削深度不能超过切削深度a_p(本例中$a_p=1.5$ mm),本例中切屑实测最大切削深度大于

a_p 是由于加工时变形所致的。

$e = 4$ mm 时，切削层的最大切削深度预测值为 1.42 mm；$e = 8$ mm 时，最大切削深度预测值为 0.96 mm。这表明 e 越小，切削层的最大切削深度越接近于切削深度 a_p。预测相对于实测的误差值分别为 14.46%、21.52%、30.43%，这表明偏心距 e 愈大预测误差也愈大。当 e 增大时，最大切削深度减小意味着切屑变薄，同时切屑体积也减小，使得切屑在加工过程中更易变形，所以预测误差也愈大，反之亦然。总的来说，随着 e 的增大，预测和实测的最大切削深度都是减小的。

切削层体积大小和变化也是反映正偏心正交车铣切削层几何形状数学模型正确性的一个因素。当 $e = 4$ mm、6 mm、8 mm 时，对应的切削层体积预测值分别为 16.89 mm³、16.25 mm³、14.86 mm³，而切屑体积实测值分别为 19.03 mm³、18.32 mm³、16.58 mm³，预测误差分别为 11.25%、11.3%、10.37%。

上述最大切削深度和体积测量对比分析表明，预测值和实测值较接近且两者变化趋势一致，结合切屑实际形状和仿真形状的对比，可证明上述建立的切削层几何形状的解析模型是较为准确和可行的。

3.4 本章小结

（1）根据正交车铣的运动规律，结合 NX 8.5 软件提出了正交车铣切削层几何形状的仿真方法，通过试验验证了其仿真方法的正确性，并对不同切削参数下的正交车铣切削层几何形状进行仿真，仿真结果表明：正交车铣切削层几何形状不是由某个参数单独决定的，而是由几个参数共同决定的；正交车铣无论在什么切削参数下，其切削层明显呈变切厚和变切深的状态，且正交车铣切削层的变切厚和变切深的规律较为复杂；采用正交车铣时，应采用顺铣和负方向偏心加工方式，根据工件直径/刀具直径的比值匹配合适的切削深度 a_p，偏心量 e 的绝对值和转速比 λ 愈大，愈利于降低切削力的波动、提高刀具使用寿命和加工表面质量。

（2）根据正交车铣刀具位置对应铣刀底刃相交点 A 的位置，分析了正交车铣加工时铣刀侧刃和底刃形成切削层的原因和规律，提出了正交车铣切削层三种几何形状（即 $A_y \geqslant B_y$、$D_y \leqslant A_y < B_y$ 和 $A_y < D_y$ 三种情况）的判断方法。

（3）$A_y \geqslant B_y$ 情况下，只有铣刀侧刃进行切削，即正交车铣切削层的形成只和铣刀侧刃有关，和铣刀底刃无关，分为 $\varphi_{st,C} \leqslant \varphi_i \leqslant \varphi_{st,B}$ 和 $\varphi_{st,B} < \varphi_i \leqslant \varphi_{ex,D}$ 两种不同的切削层截面变化状态。建立的切削层几何形状解析模型涉及切入/切出角度 $\varphi_{st,C}$、$\varphi_{st,B}$ 和 $\varphi_{st,D}$，侧刃切削厚度 $h_p(\varphi_i)$ 和侧刃切削深度 $a_p(\varphi_i)$。

（4）$D_y \leqslant A_y < B_y$ 情况下，铣刀侧刃和底刃都参与切削，即正交车铣切削层的形成和铣刀侧刃、底刃都有关系，分为 $\varphi_{st,C} \leqslant \varphi_i \leqslant \varphi_{st,B}$、$\varphi_{st,B} < \varphi_i \leqslant \varphi_{ex,A}$、$\varphi_{ex,A} < \varphi_i \leqslant \varphi_{ex,A'}$ 和 $\varphi_{ex,A'} < \varphi_i \leqslant \varphi_{ex,D}$ 四种状态。建立的切削层几何形状解析模型涉及切入/切出角度 $\varphi_{st,C}$、$\varphi_{st,B}$、$\varphi_{ex,A}$、$\varphi_{ex,A'}$ 和 $\varphi_{ex,D}$，侧刃切削厚度 $h_p(\varphi_i)$ 和切削深度 $a_p(\varphi_i)$，底刃切削厚度 $h_f(\varphi_i)$ 和切削深度 $a_f(\varphi_i)$。

（5）$A_y < D_y$ 情况下，铣刀侧刃和底刃都参与切削，且铣刀底刃参与切削的程度大于侧刃，分为 $\varphi_{st,F} \leqslant \varphi_i \leqslant \varphi_{st,F'}$、$\varphi_{st,F'} < \varphi_i \leqslant \varphi_{st,E}$、$\varphi_{st,E} < \varphi_i \leqslant \varphi_{st,E'}$、$\varphi_{st,E'} < \varphi_i \leqslant \varphi_{ex,D}$、$\varphi_{ex,D} < \varphi_i \leqslant \varphi_{st,A'}$ 和 $\varphi_{st,A'} < \varphi_i \leqslant \varphi_{ex,A}$ 六种状态。建立的切削层几何形状解析模型涉及切入/切出角度 $\varphi_{st,F}$、$\varphi_{st,F'}$、$\varphi_{st,E}$、$\varphi_{st,E'}$、$\varphi_{ex,D}$、$\varphi_{st,A'}$ 和 $\varphi_{ex,A}$，侧刃切削厚度 $h_p(\varphi_i)$ 和切削深度 $a_p(\varphi_i)$，底刃切削厚度 $h_f(\varphi_i)$ 和切削深度 $a_f(\varphi_i)$。

（6）通过切削层和切屑实物、最大切削深度和体积的对比试验，验证了正交车铣切削层解析模型的正确性，为正交车铣切削力的仿真提供了理论基础。

4　正交车铣切削力及加工稳定性研究

正交车铣切削过程中产生的切削层形状有别于车削和铣削,其切削力的变化机理也和车削、铣削大相径庭。由于切削力是影响刀具-工件振动、颤振、切削温度、刀具失效、工件尺寸精度和表面粗糙度的关键因素,因此切削力是正交车铣研究的重要内容。切削过程中切削振动是影响工件加工表面质量和刀具寿命的重要因素之一,在各种切削振动种类中,切削过程中的自激振动(颤振)对加工系统的影响最大。对切削层具有变切厚和变切深的正交车铣的加工颤振进行研究,从而进行切削参数的优化,具有提高加工效率和刀具使用寿命以及改善表面加工质量的重要意义。

本章基于正交车铣切削层几何形状的解析模型,根据 Altintas 方法建立正交车铣切削力解析模型并仿真,在通过试验验证该模型准确性的基础上,全面分析正交车铣三种切削层几何形状和切削参数对切削力的影响规律。同时,以再生型颤振理论为基础,建立刚性工件-柔性刀具的正交车铣动力学模型,通过基于欧拉法的完全离散算法求解和绘制正交车铣加工的稳定性图,分析轴向进给量对正交车铣加工稳定性的影响。

4.1　正交车铣切削力仿真与分析

4.1.1　正交车铣切削力建模

正交车铣在某一时刻的切削微元所受切削力情况如图 4-1 所示,在铣刀坐标系(O_t-$x_t y_t w_t$)中，x_t 轴为铣刀沿工件轴向的进给方向，z_t 轴为铣刀轴即切削深度方向。

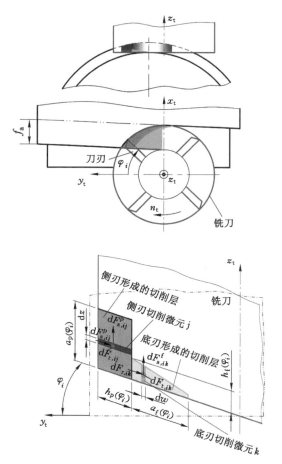

图 4-1　正交车铣的微元切削力模型

根据第三章的分析可知，正交车铣时铣刀侧刃和底刃共同作用形成切削层，因此正交车铣切削力 $F(\varphi_i)$ 包括侧刃切削力 $F^p(\varphi_i)$ 和底刃切削力 $F^f(\varphi_i)$，即：

$$F(\varphi_i) = F^p(\varphi_i) + F^f(\varphi_i) \tag{4-1}$$

根据 Altintas[65] 模型，铣刀第 i 个刀齿的第 j 个微元切削工件的瞬时接触角为 φ_{ij}，由于正交车铣时采用的是直刃刀片的铣刀，因此每个刀齿切入工

件为瞬时接触角 φ_{ij} 时对应的刀齿沿铣刀轴 z_{t} 变化的切削微元 $\mathrm{d}z$ 不随切深的变化而变化,故可用 φ_i 代替 φ_{ij}。故当铣刀第 i 个刀齿运动到 φ_i 时,该刀齿的侧刃沿侧刃切削深度方向可划分为总数 M 个切削微元,侧刃第 j 个切削微元有三个切削分力($j=1,2,\cdots,M$),分别为侧刃切向力 $\mathrm{d}F^{\mathrm{p}}_{\mathrm{t},ij}$、径向力 $\mathrm{d}F^{\mathrm{p}}_{\mathrm{r},ij}$ 和轴向力 $\mathrm{d}F^{\mathrm{p}}_{\mathrm{a},ij}$,即:

$$\begin{cases} \mathrm{d}F^{\mathrm{p}}_{\mathrm{t},ij}(\varphi,z) = [K_{\mathrm{tc}}h_{\mathrm{p}}(\varphi_i) + K_{\mathrm{te}}]\mathrm{d}z \\ \mathrm{d}F^{\mathrm{p}}_{\mathrm{r},ij}(\varphi,z) = [K_{\mathrm{rc}}h_{\mathrm{p}}(\varphi_i) + K_{\mathrm{re}}]\mathrm{d}z \\ \mathrm{d}F^{\mathrm{p}}_{\mathrm{a},ij}(\varphi,z) = [K_{\mathrm{ac}}h_{\mathrm{p}}(\varphi_i) + K_{\mathrm{ae}}]\mathrm{d}z \end{cases} \qquad (4\text{-}2)$$

式中　K_{tc}、K_{rc} 和 K_{ac}——剪切作用对切向、径向和轴向切削力的作用系数;

$\qquad$ K_{te}、K_{re} 和 K_{ae}——刃口摩擦作用对切向、径向和轴向切削力的作用系数;

$\qquad$ $h_{\mathrm{p}}(\varphi_i)$——铣刀第 i 个刀齿的侧刃在 φ_i 时的切削厚度,mm;

$\qquad$ $\mathrm{d}z$——铣刀第 i 个刀齿的第 j 个微元在侧刃切削深度 $a_{\mathrm{p}}(\varphi_i)$ 方向上的切削微元,mm。

同理,当铣刀第 i 个刀齿运动到 φ_i 时,该刀齿的底刃沿底刃切削深度方向可划分为总数 N 个切削微元,底刃第 k 个切削微元有三个切削分力($k=1,2,\cdots,N$),分别为底刃切向力 $\mathrm{d}F^{\mathrm{f}}_{\mathrm{t},ik}$、径向力 $\mathrm{d}F^{\mathrm{f}}_{\mathrm{r},ik}$ 和轴向力 $\mathrm{d}F^{\mathrm{f}}_{\mathrm{a},ik}$,即:

$$\begin{cases} \mathrm{d}F^{\mathrm{f}}_{\mathrm{t},ik}(\varphi,w) = [K_{\mathrm{tc}}h_{\mathrm{f}}(\varphi_i) + K_{\mathrm{te}}]\mathrm{d}w \\ \mathrm{d}F^{\mathrm{f}}_{\mathrm{r},ik}(\varphi,w) = [K_{\mathrm{rc}}h_{\mathrm{f}}(\varphi_i) + K_{\mathrm{re}}]\mathrm{d}w \\ \mathrm{d}F^{\mathrm{f}}_{\mathrm{a},ik}(\varphi,w) = [K_{\mathrm{ac}}h_{\mathrm{f}}(\varphi_i) + K_{\mathrm{ae}}]\mathrm{d}w \end{cases} \qquad (4\text{-}3)$$

式中　$h_f(\varphi_i)$——铣刀第 i 个刀齿的底刃在 φ_i 时的切削厚度,mm;

$\qquad$ $\mathrm{d}w$——铣刀第 i 个刀齿的第 k 个微元在底刃切削深度 $a_{\mathrm{f}}(\varphi_i)$ 方向上的切削微元,mm。

基于式(4-2)和式(4-3),式(4-1)可写为:

$$\begin{cases} F_{\mathrm{t},i} = \sum_{j=1}^{M}\mathrm{d}F^{\mathrm{p}}_{\mathrm{t},ij} + \sum_{k=1}^{N}\mathrm{d}F^{\mathrm{f}}_{\mathrm{t},ik} \\[2mm] F_{\mathrm{r},i} = \sum_{j=1}^{M}\mathrm{d}F^{\mathrm{p}}_{\mathrm{r},ij} + \sum_{k=1}^{N}\mathrm{d}F^{\mathrm{f}}_{\mathrm{r},ik} \\[2mm] F_{\mathrm{a},i} = \sum_{j=1}^{M}\mathrm{d}F^{\mathrm{p}}_{\mathrm{a},ij} + \sum_{k=1}^{N}\mathrm{d}F^{\mathrm{f}}_{\mathrm{a},ik} \end{cases} \qquad (4\text{-}4)$$

将式(4-4)的动态切削力变换到铣刀坐标系(O_t-$x_t y_t w_t$),有:

$$\begin{cases} F_{x,i} = -F_{r,i}\sin\varphi_i - F_{t,i}\cos\varphi_i \\ F_{y,i} = -F_{r,i}\cos\varphi_i + F_{t,i}\sin\varphi_i \\ F_{z,i} = F_{a,i} \end{cases} \qquad (4\text{-}5)$$

由本书 3.2 节的分析可知,不同情况下的正交车铣切削层几何形状是不同的,即使在一种情况下,不同 φ_i 条件下,切削厚度和切削深度也是不一样的。因此,正交车铣切削力的计算需要考虑 φ_i 在正交车铣切削层的切入/切出角的变化情况,再根据相应情况的切削厚度和切削宽度计算切削力,即:

$$F_{q,i}(\varphi_i(z))\big|_{z_{i,1}}^{z_{i,2}} \qquad (q = x, y, z) \qquad (4\text{-}6)$$

建立正交车铣切削力模型,须求出积分下限 $z_{i,1}$ 和上限 $z_{i,2}$。

将所有刀刃的瞬时切削力进行求和,得到作用在铣刀各方向上的瞬时切削力:

$$F_q = \sum_{i=1}^{Z} F_{q,i} \qquad (q = x, y, z) \qquad (4\text{-}7)$$

4.1.2　正交车铣切削力的仿真算法

由以上分析可知,正交车铣的切削力和切削力作用系数(K_{tc}、K_{rc}、K_{ac}、K_{te}、K_{re} 和 K_{ae})、瞬时接触角 φ_i、侧刃切削厚度 $h_p(\varphi_i)$、底刃切削厚度 $h_f(\varphi_i)$、侧刃切削深度 $a_p(\varphi_i)$ 和底刃切削深度 $a_f(\varphi_i)$ 相关。需要注意的是,$h_p(\varphi_i)$、$h_f(\varphi_i)$、$a_p(\varphi_i)$ 和 $a_f(\varphi_i)$ 需要按照 3.2 节所述的方法,先进行正交车铣切削层几何形状类别的判别,再进行切削厚度和切削深度的计算。

正交车铣瞬时切削力的计算算法如图 4-2 所示,其步骤具体如下:

(1)根据输入的正交车铣的切削参数,计算 φ_z、θ、ψ、f_z 以及 A_y、B_y、D_y 等值。

(2)根据 A_y、B_y、D_y 值,通过进行 $A_y \geqslant B_y$、$D_y \leqslant A_y < B_y$、$A_y < D_y$ 三种情况的判别,从而确定该切削参数下对应的是哪种切削层几何形状。

(3)根据具体的切削层几何形状类型,对刀齿数 Z 和瞬时接触角 φ_i 进行离散取样。

当切削层几何形状属于 $A_y \geqslant B_y$ 类型,根据式(3-8)计算 $\varphi_{st,C}$、$\varphi_{st,B}$ 和 $\varphi_{ex,D}$,根据式(3-9)和式(3-10)分别计算对应于 $\varphi_{st,C} \leqslant \varphi_i \leqslant \varphi_{st,B}$ 和 $\varphi_{st,B} < \varphi_i \leqslant$

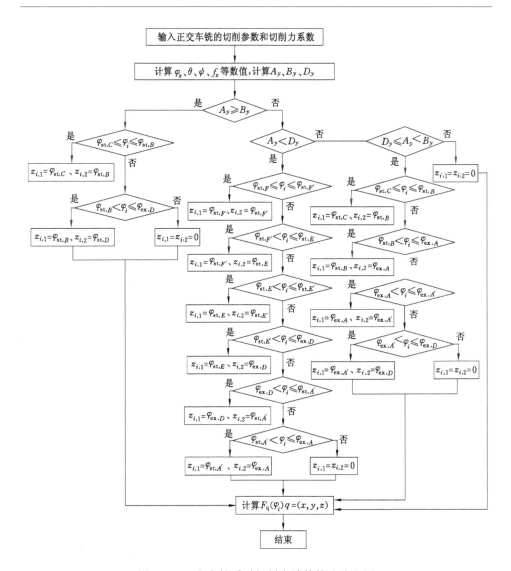

图 4-2　正交车铣瞬时切削力计算算法流程图

$\varphi_{\mathrm{ex},D}$ 这两种不同切削层几何形状变化状态下的切削厚度 $h_{\mathrm{p}}(\varphi_i)$ 和切削深度 $a_{\mathrm{p}}(\varphi_i)$。若 φ_i 未满足以上两种情况，说明刀刃未切入工件，此时切削力为零。

当切削层几何形状属于 $D_y \leqslant A_y < B_y$ 类型，根据式（3-11）计算 $\varphi_{\mathrm{st},C}$、$\varphi_{\mathrm{st},B}$、$\varphi_{\mathrm{ex},A}$、$\varphi_{\mathrm{ex},A'}$ 和 $\varphi_{\mathrm{ex},D}$，根据式（3-12）和式（3-13）计算对应于 $\varphi_{\mathrm{st},C} \leqslant \varphi_i \leqslant \varphi_{\mathrm{st},B}$、$\varphi_{\mathrm{st},B} < \varphi_i \leqslant \varphi_{\mathrm{ex},A}$、$\varphi_{\mathrm{ex},A} < \varphi_i \leqslant \varphi_{\mathrm{ex},A'}$ 和 $\varphi_{\mathrm{ex},A'} < \varphi_i \leqslant \varphi_{\mathrm{ex},D}$ 这四种不同切削层

截面变化状态下的 $h_p(\varphi_i)$、$h_f(\varphi_i)$、$a_p(\varphi_i)$ 和 $a_f(\varphi_i)$。若 φ_i 未满足以上四种情况,说明刀刃未切入工件,此时切削力为零。

当切削层几何形状属于 $A_y < D_y$ 类型,根据式(3-14)计算 $\varphi_{st,F}$、$\varphi_{st,F'}$、$\varphi_{st,E}$、$\varphi_{st,E'}$、$\varphi_{ex,D}$、$\varphi_{st,A'}$ 和 $\varphi_{ex,A}$,根据式(3-15)和式(3-16)计算对应于 $\varphi_{st,F} \leqslant \varphi_i \leqslant \varphi_{st,F'}$、$\varphi_{st,F'} < \varphi_i \leqslant \varphi_{st,E}$、$\varphi_{st,E} < \varphi_i \leqslant \varphi_{st,E'}$、$\varphi_{st,E'} < \varphi_i \leqslant \varphi_{ex,D}$、$\varphi_{ex,D} < \varphi_i \leqslant \varphi_{st,A'}$ 和 $\varphi_{st,A'} < \varphi_i \leqslant \varphi_{ex,A}$ 这六种不同切削层截面变化状态下的 $h_p(\varphi_i)$、$h_f(\varphi_i)$、$a_p(\varphi_i)$ 和 $a_f(\varphi_i)$。若 φ_i 未满足以上六种情况,说明刀刃未切入工件,此时切削力为零。

当切削层几何形状不属于以上三种类型时,说明刀刃未切入工件,此时切削力为零。

(4) 根据输入的切削力系数和前面步骤计算的结果,按照式(4-2)～式(4-7)对瞬时切削力 F_x、F_y、F_z 进行计算。

4.1.3　正交车铣切削力仿真的试验验证

正交车铣切削力试验安排在 Mikron UCP710 五坐标加工中心上完成,加工工件为 TC21 钛合金。选用山特维克 CoroMill 390 系列立铣刀,刀杆型号 R390-020A22-11M,型号为 R390-11 T3 08E-PLW 1130 的 TiAlN 涂层硬质合金刀片,刀齿数为 1,刀刃宽 5 mm,直径 20 mm,如图 4-3 所示,工件通过平口钳夹紧固定,平口钳安装并定位在测力仪上,把测力仪安装在工作台上。其中,测力仪的坐标系为 $x_d y_d z_d$,采集的切削力为 F_x'、F_y' 和 F_z';铣刀的坐标系为 $x_t y_t z_t$,对应的切削力为 F_x、F_y、F_z。

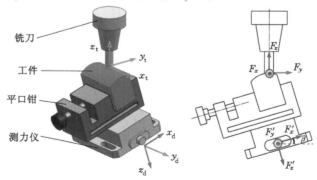

图 4-3　正交车铣切削力试验示意图

试验时，工作台旋转同时铣刀沿 x_t 轴直线运动，即相当于正交车铣的运动过程，此时通过测力仪数据采集系统对数据进行采集。由于测力仪在旋转过程中其坐标系是变化的，其采集的切削力 F'_x、F'_z 的方向和刀具承受的切削力 F_y、F_z 并不吻合，因此需要进行转换：

$$\begin{cases} F_x = F'_y \\ F_y = F'_x \cos\beta + F'_z \sin\beta \\ F_z = F'_x \sin\beta - F'_z \cos\beta \end{cases} \tag{4-8}$$

通过对 TC21 钛合金的正交车铣切削力试验，最终标定的切削力系数分别为 $K_{tc} = 2\ 449.8\ \text{N/mm}^2$、$K_{rc} = 1\ 098.8\ \text{N/mm}^2$、$K_{ac} = 835.1\ \text{N/mm}^2$、$K_{te} = 55.2\ \text{N/mm}^2$、$K_{re} = 88.5\ \text{N/mm}^2$、$K_{ae} = 76.5\ \text{N/mm}^2$。

Mikron UCP710 五坐标加工中心只能完成偏心距 $e = 0$ 的正交车铣运动过程，所以切削力的试验只对 $e = 0$ 的情况进行验证，试验测得数据和仿真计算的数据如图 4-4 所示。因为本算法考虑刃口摩擦作用对切削力的影响，所以在铣刀切入和切出工件时，切削面积虽为零，但由于切削深度不为零，切削力依然存在。总体上来看，按照该算法仿真的切削力数据在铣刀切入/切出角、各切削分力的最大值等关键数据方面和试验测得的数据吻合度较高，这验证了正交车铣切削力理论模型的正确性。因此，采用此方法能够较好地预测正交车铣切削力并反映其变化趋势。

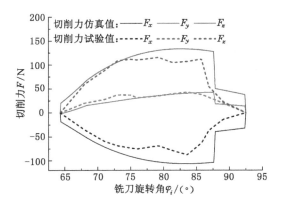

图 4-4 正交车铣切削力试验和仿真结果（$r_w = 40\ \text{mm}$、$r_t = 10\ \text{mm}$、$a_p = 0.5\ \text{mm}$、$f_a = 1\ \text{mm/r}$、$e = 0\ \text{mm}$、$n_t = 2\ 000\ \text{r/min}$、$n_w = 5\ \text{r/min}$、$Z = 1$，顺铣）

4.1.4 TC21 钛合金正交车铣切削力的仿真结果分析

4.1.4.1 不同切削层几何形状对切削力的影响

通过 3.2 节可知,根据 A 点位置的判断可确定三种正交车铣的切削层几何形状,即 $A_y \geqslant B_y$、$D_y \leqslant A_y < B_y$ 和 $A_y < D_y$ 三种情况下对应不同的切削层几何形状。根据标定的 TC21 钛合金切削力系数($K_{tc} = 2\ 449.8$ N/mm²、$K_{rc} = 1\ 098.8$ N/mm²、$K_{ac} = 835.1$ N/mm²、$K_{te} = 55.2$ N/mm²、$K_{re} = 88.5$ N/mm²、$K_{ae} = 76.5$ N/mm²),对这三种不同切削层几何形状进行建模(见 3.2 节),并进行 TC21 钛合金正交车铣切削力仿真,结果如图 4-5 所示。

通过图 4-5 可知,在其他切削参数不变的前提下,改变偏心量 e 的值,正交车铣的切削力变化比较明显,这和正交车铣的切削层几何形状变化有关。此外,正交车铣切削力的峰值(最大值或最小值)也发生了明显的变化。在其他切削参数不变的前提下,改变偏心量 e 的值,使正交车铣的切削层几何形状发生变化,即:$e = -8$ mm 对应的是 $A_y \geqslant B_y$ 情况下的切削层几何形状,此时铣刀只有侧刃参与切削;$e = 0$ 对应的是 $D_y \leqslant A_y < B_y$ 情况下的切削层几何形状,此时铣刀侧刃和底刃都参与切削;$e = 8$ mm 对应的是 $A_y < D_y$ 情况下的切削层几何形状,此时铣刀侧刃产生的切削力很小且侧刃的切入/切出角的范围较小,切削层的形成和切削力的产生基本由底刃完成,如图 4-6 所示。当底刃参与切削层形成的程度增加时,则底刃形成的切削深度增大。由于越靠近刀具中心,底刃参与切削的刀刃点的线速度越低,则刃口摩擦作用增强,切削力随着增大。因此,当 $e = -8$ mm 时,只有侧刃切削,切削力最小;$e = 0$ 和 $e = 8$ mm 时,底刃参与切削,而 $e = 8$ mm 时底刃参与切削的程度比 $e = 0$ 高,故 $e = 8$ mm 时的切削力最大。

为了进一步验证上述分析的正确性,取切削参数满足 $A_y \geqslant B_y$、$D_y \leqslant A_y < B_y$ 和 $A_y < D_y$ 的三种情况下,在 Mazak INTEGREX 200-IVST 车铣复合加工中心上,使用山特维克 CoroMill 390 系列立铣刀(刀杆型号为 R390-020A22-11M,型号为 R390-11 T3 08E-PLW 1130 的 TiAlN 涂层硬质合金刀片)进行正交车铣加工,加工时间为 20 min,其对应的刀具磨损状态如图 4-7~图 4-9 所示。

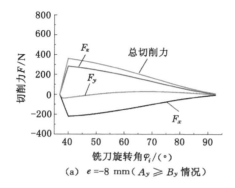

(a) $e=-8$ mm($A_y \geqslant B_y$ 情况)

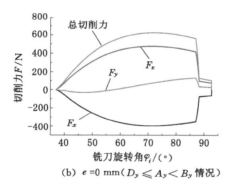

(b) $e=0$ mm($D_y \leqslant A_y < B_y$ 情况)

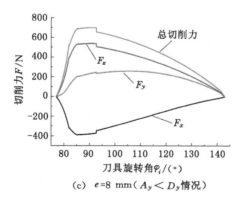

(c) $e=8$ mm($A_y < D_y$ 情况)

图 4-5 切削层几何形状对切削力的影响($r_w=40$ mm、$r_t=10$ mm、$a_p=1$ mm、

$f_a=4$ mm/r、$n_t=2\,000$ r/min、$n_w=5$ r/min、$Z=1$,顺铣)

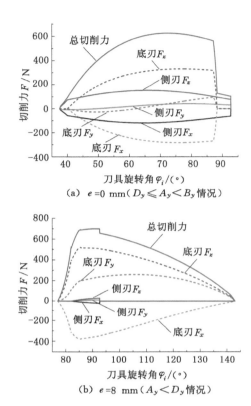

（a）$e=0$ mm（$D_y \leqslant A_y < B_y$ 情况）

（b）$e=8$ mm（$A_y < D_y$ 情况）

图 4-6　正交车铣侧刃和底刃切削力变化情况（$r_w=40$ mm、$r_t=10$ mm、$a_p=1$ mm、$f_a=4$ mm/r、$n_t=2\ 000$ r/min、$n_w=5$ r/min、$Z=1$，顺铣）

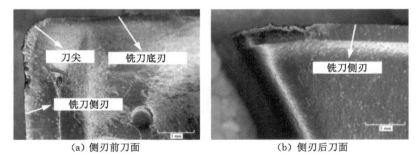

（a）侧刃前刀面　　　　　　　　　（b）侧刃后刀面

图 4-7　$A_y \geqslant B_y$ 情况下刀具的磨损情况（$r_w=40$ mm、$r_t=10$ mm、$a_p=1$ mm、$f_a=4$ mm/r、$n_t=2\ 000$ r/min、$n_w=5$ r/min、$e=-8$ mm、$Z=1$，顺铣，加工时间 20 min）

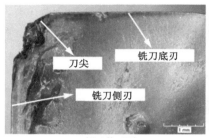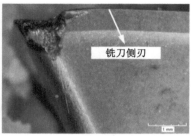

（a）侧刃前刀面　　　　　　　　　　　（b）侧刃后刀面

图 4-8　$D_y \leqslant A_y < B_y$ 情况下刀具的磨损情况（$r_w = 40$ mm、$r_t = 10$ mm、$a_p = 1$ mm、

$f_a = 4$ mm/r、$n_t = 2\ 000$ r/min、$n_w = 5$ r/min、$e = 0$、$Z = 1$，顺铣，加工时间 20 min）

　　$A_y \geqslant B_y$ 情况下，铣刀只有侧刃参与切削，所以刀具磨损主要发生在侧刃，由于此条件下切削层主要在切削厚度方向变化，主要是侧刃承受机械冲击，同时切削力也最小，因此只有铣刀侧刃处产生磨损，磨损量和磨损状态在三种情况下最好，如图 4-7 所示。$D_y \leqslant A_y < B_y$ 情况下，铣刀侧刃和底刃同时切削，切削层在切厚和切深方向变化程度都较大，虽然切削力不是最大，但因为刀尖处要承受的机械冲击较大，而刀尖处应力最为集中，所以刀尖处发生破碎，如图 4-8 所示。$A_y < D_y$ 情况下，铣刀底刃主要参与切削，侧刃参与切削的程度较小，主要是铣刀底刃承受切削力和机械冲击，所以刀具磨损主要发生在铣刀底刃处，刀具磨损状态较好，如图 4-9 所示。

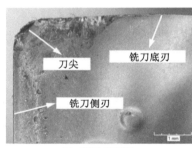

（a）底刃前刀面　　　　　　　　　　　（b）底刃后刀面

图 4-9　$A_y < D_y$ 情况下刀具的磨损情况（$r_w = 40$ mm、$r_t = 10$ mm、

$a_p = 1$ mm、$f_a = 4$ mm/r、$n_t = 2\ 000$ r/min、$n_w = 5$ r/min、

$e = 8$ mm、$Z = 1$，顺铣，加工时间 20 min）

基于以上原因,为减小切削力和切削冲击,提高刀具耐用度,正交车铣的切削参数选择应满足 $A_y \geqslant B_y$ 条件,后续的正交车铣切削力分析针对 $A_y \geqslant B_y$ 这种情况进行。

4.1.4.2 切削参数对切削力的影响

（1）工件半径 r_w 对切削力的影响

工件半径对正交车铣切削力的影响规律如图 4-10 所示,当工件半径增加时,铣刀侧刃的切入角减小、切出角增加,即切削弧区是增大的,但这个变化趋势并不明显。由于半径增加,铣刀一次切削过程产生的切削层体积增大,所以切削力也随之增大,但切削分力 F_x（工件轴向即铣刀进给方向）、F_y（工件径向）和 F_z（铣刀轴向）的增大趋势并不相同,F_x 和 F_z 增大趋势基本相同,而 F_y 变化趋势不明显。同时,在正交车铣过程中,F_x 和 F_z 起主导作用。

（2）切削深度 a_p 对切削力的影响

切削深度增加会造成铣刀一次切削过程产生的切削层体积增大,从而使得切削力增大。

切削深度对正交车铣切削力的大小产生显著影响。当切削深度从 1 mm 倍增到 3 mm,各切削分力的大小也随之倍增,但铣刀侧刃的切入/切出角变化不明显。同时,各切削分力的上升和下降的变化趋势并无明显变化,如图 4-11 所示。

（3）转速比 λ 对切削力的影响

转速比的增加会使铣刀转过一齿,工件相应转过的 φ_z 角减小,造成铣刀侧刃切削形成的切削层变薄,即切削厚度减小,从而切削力减小。

转速比对正交车铣切削力的影响规律如图 4-12 所示,当转速比增加时,铣刀侧刃的切入角没有变化,但切出角减小;各切削分力在切入角之后上升到切削力最大值的速率增加,从最大值下降到切出角的速率减小。同时,各切削分力下降明显。

（4）偏心量 e 对切削力的影响

通过前面的分析可知,偏心量是影响切削层几何形状类别的一个重要参数,因为在保证切削层的几何形状满足 $A_y \geqslant B_y$ 情况的条件下,对 $e=-6$ mm 和 $e=-8$ mm 这两种情况进行了分析,如图 4-13 所示。当偏心量绝对值从 6 mm 增加到 8 mm 时,铣刀侧刃的切入/切出角无变化,但各切削分力有所减小。

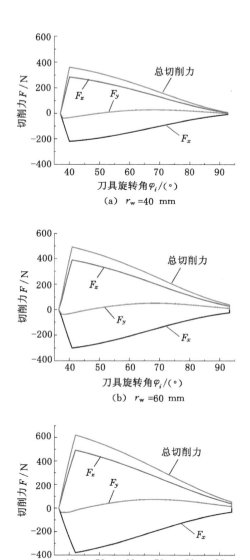

图 4-10　工件半径对切削力的影响（$r_t=10$ mm、$a_p=1$ mm、$f_a=4$ mm/r、

$n_t=2\,000$ r/min、$n_w=5$ r/min、$e=-8$ mm、$Z=1$，顺铣，$A_y \geqslant B_y$ 情况）

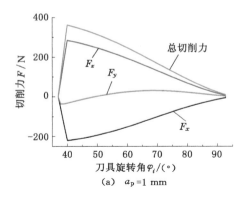

（a） $a_p = 1$ mm

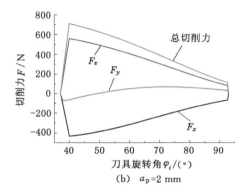

（b） $a_p = 2$ mm

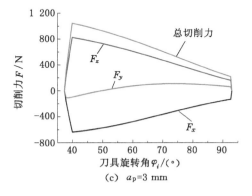

（c） $a_p = 3$ mm

图 4-11　切削深度对切削力的影响（$r_w = 40$ mm、$r_t = 10$ mm、$f_a = 4$ mm/r、
$n_t = 2\ 000$ r/min、$n_w = 5$ r/min、$e = -8$ mm、$Z = 1$，顺铣，$A_y \geqslant B_y$ 情况）

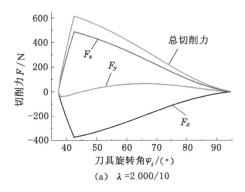

(a)　$\lambda = 2\,000/10$

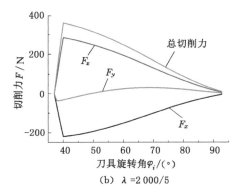

(b)　$\lambda = 2\,000/5$

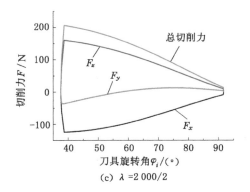

(c)　$\lambda = 2\,000/2$

图 4-12　转速比对切削力的影响（$r_w = 40$ mm、$r_t = 10$ mm、$f_a = 4$ mm/r、

$e = -8$ mm、$a_p = 1$ mm、$Z = 1$，顺铣，$A_y \geqslant B_y$ 情况）

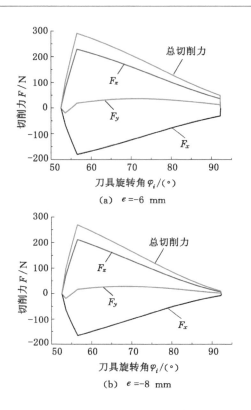

图 4-13 偏心量对切削力的影响（r_w＝40 mm、r_t＝10 mm、f_a＝2 mm/r、n_t＝2 000 r/min、n_w＝5 r/min、a_p＝1 mm、Z＝1，顺铣，$A_y \geqslant B_y$ 情况）

（5）轴向进给量 f_a 对切削力的影响

轴向进给量增加，会造成铣刀侧刃形成的切削层变厚，即切削厚度增大，从而切削力增大。轴向进给量对正交车铣切削力的影响规律如图 4-14 所示，当轴向进给量从 1 mm 增加到 4 mm 时，各切削分力明显增大。同时，铣刀侧刃的切入角随着切削厚度的增加而明显减小，造成各切削分力在切入角之后上升到切削力最大值的速率增加，而切出角增大趋势不明显。

（6）齿数 Z 对切削力的影响

齿数的增加会使铣刀转过一齿，工件相应转过的 φ_z 角减小，造成铣刀侧刃切削形成的切削层变薄，即切削厚度减小，从而切削力减小。齿数比对正交车铣切削力的影响规律如图 4-15 所示，当齿数增加时，铣刀侧刃的切入角没有变化，切出角减小但趋势不明显，切削力减小且趋势明显，各切削分

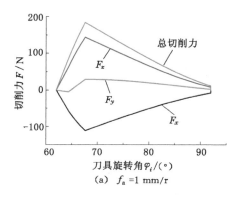

(a) $f_a = 1$ mm/r

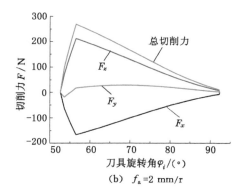

(b) $f_a = 2$ mm/r

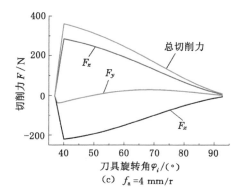

(c) $f_a = 4$ mm/r

图 4-14 轴向进给量对切削力的影响($r_w = 40$ mm、$r_t = 10$ mm、$f_a = 2$ mm/r、

$n_t = 2\ 000$ r/min、$n_w = 5$ r/min、$e = -8$ mm、$a_p = 1$ mm、$Z = 1$,顺铣,$A_y \geqslant B_y$ 情况)

力在切入角之后上升到切削力最大值的速率增加,从最大值下降到切出角的速率减小。同时,随着铣刀齿数的增加,同时工作的铣刀齿数也会增加,有利于提高铣削过程的平稳性。

通过以上分析可知,相对于 $A_y < D_y$ 和 $D_y \leqslant A_y < B_y$ 这两种情况,当正交车铣切削参数满足 $A_y \geqslant B_y$ 情况时,铣刀只有侧刃参与切削且切削力也最小,只有铣刀侧刃处产生磨损且磨损状态最好。为减小切削力和切削冲击,提高刀具耐用度,正交车铣的切削参数选择应满足 $A_y \geqslant B_y$ 条件。

在 $A_y \geqslant B_y$ 情况下,偏心量 e 和铣刀齿数 Z 的增加,切削力减小且有利于提高铣削过程的平稳性;转速比 λ 增加,切削力显著减小且有助于提高表面粗糙度;工件半径 r_w 和切削深度 a_p 增加,切削层体积增加,切削力随之增大,但铣刀侧刃的切入/切出角变化不明显;轴向进给量 f_a 增加,切削力随之增大,且铣刀侧刃的切入角明显减小,切削力波动增大。因此,正交车铣精加工时,从减小切削力和切削力波动、提高刀具耐用度的角度出发,正交车铣切削参数在满足 $A_y \geqslant B_y$ 的条件下,应尽可能选择大的偏心量、铣刀齿数和转速比,减小切削深度和轴向进给量。

综上所述,正交车铣精加工时,应在优选切削参数获取合理表面形貌和表面粗糙度的基础上,再以本节研究内容作为提高刀具耐用度的理论指导优选切削参数。

第 2 章的研究结果表明,正交车铣加工表面的仿真粗糙度值保证在 $0.15 \sim 2.92~\mu\text{m}$ 的情况下,采用铣刀转速 $n_t = 2~000~\text{r/min}$ 的固定参数加工半径 $r_w = 40~\text{mm}$ 的工件时,优选参数范围为:偏心量 $e = -8 \sim 0~\text{mm}$、工件转速 $n_w = 2 \sim 8~\text{r/min}$、轴向进给量 $f_a = 2 \sim 6~\text{mm/r}$、切削深度 $a_p = 0.5 \sim 2~\text{mm}$、铣刀齿数 $Z = 1 \sim 3$。

在此基础上,考虑到铣刀转速 n_t 在一定范围内取值,同时各切削参数取值需要满足 $A_y \geqslant B_y$ 条件,在保证合理加工表面粗糙度以及降低切削力、提高刀具耐用度的情况下,可优化正交车铣的切削参数为:加工工件半径 $r_w = 40~\text{mm}$ 时,铣刀转速 $n_t = 1~500 \sim 2~500~\text{r/min}$、工件转速 $n_w = 2 \sim 8~\text{r/min}$、偏心量 $e = -8 \sim -5~\text{mm}$、轴向进给量 $f_a = 2 \sim 6~\text{mm/r}$、切削深度 $a_p = 0.5 \sim 1.5~\text{mm}$、铣刀齿数 $Z = 1 \sim 3$。

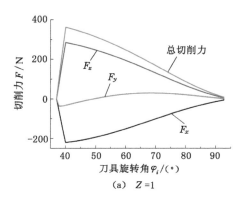

（a） $Z=1$

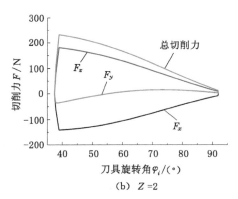

（b） $Z=2$

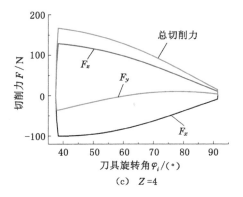

（c） $Z=4$

图 4-15 齿数对切削力的影响（$r_w=40$ mm、$r_t=10$ mm、$n_t=2\ 000$ r/min、

$n_w=5$ r/min、$e=-8$ mm、$a_p=1$ mm，顺铣，$A_y \geqslant B_y$ 情况）

4.2 正交车铣加工稳定性仿真分析

4.2.1 刚性工件-柔性刀具的正交车铣动力学模型

现阶段,常见的颤振机理包括:再生型颤振、振型耦合型颤振、摩擦型颤振和混合型颤振等,其中,再生效应是引起切削颤振的主要原因[66-69]。因为再生效应产生的颤振可以通过时滞微分方程建立其切削过程的动力学模型。

根据铣削加工条件的不同,铣削过程的解析模型主要包括:刚性工件-柔性刀具模型和柔性工件-柔性刀具模型。对于正交车铣来说,如果加工细长轴类零件,工件和刀具直径都很小,工件和刀具刚性低,动态特性复杂,可采用柔性工件-柔性刀具模型;如果加工零件的直径较大,且加工时工件转速很低,工件刚性高,可采用刚性工件-柔性刀具模型。根据上述分析并结合本书所选实际加工对象的特点,采用刚性工件-柔性刀具模型进行正交车铣动力学建模。

根据第 3 章的分析可知,正交车铣有三种切削层几何形状类型,在相同加工参数下,$A_y \geqslant B_y$ 情况下的切削层对应的切削力最小,相应的刀具耐用度最好,因此本章只对 $A_y \geqslant B_y$ 情况下的正交车铣颤振进行研究。由于该情况下,只有铣刀侧刃参与切削并形成切削层,故可以建立正交车铣二自由度的刚性工件-柔性刀具模型[7],如图 4-16 所示。

正交车铣常采用螺旋角为 0°的刀片,因此在第 i 个刀齿上受到的切削力和瞬时切厚 $h_p(\varphi_i)$ 的线性关系如式(4-2)所示。

如图 4-17 所示,考虑再生效应,铣刀第 i 个刀齿在 t 时刻对应 φ_i 时的瞬时切削厚度 $h_p(\varphi_i)$ 可表示为:

$$h_p(\varphi_i) = f_z \sin \varphi_i + [\sin \varphi_i \quad \cos \varphi_i] \begin{bmatrix} x(t) - x(t - \Gamma) \\ y(t) - y(t - \Gamma) \end{bmatrix} \quad (4-9)$$

式中 φ_i ——以铣刀 y_t 轴为基准,得到铣刀各刃的转角,$\varphi_i = (2\pi n_t / 60)t - (i-1)2\pi/Z$;

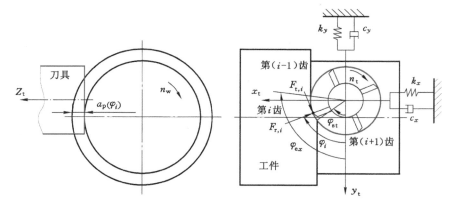

图 4-16 正交车铣加工过程动力学模型

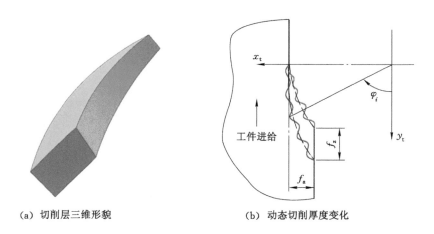

（a）切削层三维形貌 （b）动态切削厚度变化

图 4-17 正交车铣的切削情况

f_z——正交车铣时工件转过 φ_z 角，铣刀沿工件形成轮廓移动的距离，见式（3-4）；

Γ——当前齿与前一个齿之间的时间周期，时滞量，即 $\Gamma = 60/(Znt)$。

切削力作用在刀具 x_t 和 y_t 方向合力的大小可以表示为：

$$\begin{bmatrix} F_x \\ F_y \end{bmatrix} = \sum_{i=1}^{z} g(\varphi_i) m(\varphi_i) \begin{bmatrix} -\cos\varphi_i & -\sin\varphi_i \\ \sin\varphi_i & -\cos\varphi_i \end{bmatrix} \begin{bmatrix} F_{t,i} \\ F_{r,i} \end{bmatrix} \tag{4-10}$$

式中 $g(\varphi_i)$——用于判断刀刃是否处于有效的切削厚度之内的函数，定义为：

$$g(\varphi_i) = \begin{cases} 1 & \text{if } \varphi_{\text{st}} < \varphi_i < \varphi_{\text{ex}} \\ 0 & \text{otherwise} \end{cases} \qquad (4\text{-}11)$$

$m(\varphi_i)$——由于正交车铣切削层的切削深度是变化的,所以还需判断刀刃沿 z_t 向的各刀刃点的值 z_j 是否处于有效的切削深度之内,其函数定义为:

$$m(\varphi_i) = \begin{cases} 1 \\ 0 \end{cases} \qquad (4\text{-}12)$$

根据 Altintas[65] 的研究,在考虑线性力模型的情况下,静态力项不对稳定性问题产生影响,因此考虑再生效应的正交车铣切削过程模态方程可以表示为:

$$M\ddot{\boldsymbol{p}}(t) + C\dot{\boldsymbol{p}}(t) + K\boldsymbol{p}(t) = a_{\text{p}}\widetilde{\boldsymbol{K}}_{\text{c}}(t)\big[\boldsymbol{p}(t) - \boldsymbol{p}(t-\Gamma)\big] \qquad (4\text{-}13)$$

式中　M、C 和 $\boldsymbol{K}$——分别是刀具的模态质量、阻尼和刚度矩阵;

$\widetilde{\boldsymbol{K}}_{\text{c}}(t)$——系数矩阵,即

$$\widetilde{\boldsymbol{K}}_{\text{c}}(t) = \sum_{i=1}^{Z} g(\varphi_i)m(\varphi_i)\begin{bmatrix} -K_{\text{tc}}\sin\varphi_i\cos\varphi_i - K_{\text{rc}}\sin^2\varphi_i & -K_{\text{tc}}\cos^2\varphi_i - K_{\text{rc}}\sin\varphi_i\cos\varphi_i \\ K_{\text{tc}}\sin^2\varphi - K_{\text{rc}}\sin\varphi_i\cos\varphi_i & K_{\text{tc}}\sin\varphi_i\cos\varphi_i - K_{\text{rc}}\cos^2\varphi_i \end{bmatrix}$$
$$(4\text{-}14)$$

$\boldsymbol{p}(t)$——刀具模态坐标,且振型系数在刀尖点处归一,即

$$\boldsymbol{p}(t) = \begin{bmatrix} x(t) & y(t) \end{bmatrix}^{\text{T}}$$

4.2.2　基于欧拉法的完全离散算法

现阶段,颤振稳定性的求解方法主要有解析法(ZOA 法)、多频率法、时域法、半离散法和全离散法。其中,解析法[70-71]是迄今为止仿真速度最快的方法,对于多齿刀具和径向切深较大的加工方式非常有效,而对于少齿刀具及小径向切深工况则缺乏足够的精度;多频率法[72-75]可以用于小径向切深的铣削稳定性预报,该方法考虑了铣削力周期系数矩阵的高阶展开项,在计算过程中需要迭代搜索颤振频率,因此计算量和计算时间大大增加;时域法[57,76]得到的稳定性叶瓣图精度最高,但计算量大、计算时间长;半离散法[58,77-78]同时适用于大径向切深与小径向切深的铣削稳定性预报,其精度取决于离散步长,计算量远大于解析法;全离散算法[79-82]相对于半离散法,在提高计算效率的前提下,可获得与其相同的计算精度,但全离散算法提高

了最终迭代方程的复杂度,同时还有部分时域因子和微分因子并没有离散化。

在正交车铣加工过程中,当工件直径较小时(如细长杆),铣刀轴向进给量 f_a 较小且刀具在切削过程中可能只有一个刀齿在切削区域,因此采用解析法不适用于正交车铣加工的实际情况。同时,针对时域法和半离散算法的计算效率低下以及全离散算法的离散化不彻底性的问题,本书采用一种完全离散算法(Complete Discretization Scheme,CDS)[83-84]。该算法与同类的半离散算法以及全离散算法相比,最大的特点在于完全离散算法对时滞微分方程的各个部分都进行了离散化处理,包括时滞因子、时域因子、参数矩阵,特别是微分因子。完全离散算法使用数字迭代方法替代半离散算法及全离散算法所使用的直接积分法,简化离散化后迭代方程的复杂度。

根据文献[83-84]的研究,基于欧拉法的完全离散法的具体过程如下。

第一步,考虑再生效应的铣削过程的运动学方程可以通过时滞微分方程来进行建模,以下是 n 维状态空间方程:

$$\dot{x}(t) = \boldsymbol{A}(t)x(t) + \boldsymbol{B}(t)x(t-\tau) \tag{4-15}$$

式中　$\boldsymbol{A}(t)$ 和 $\boldsymbol{B}(t)$——周期性因子矩阵,且 $\boldsymbol{A}(t+T)=\boldsymbol{A}(t)$,$\boldsymbol{B}(t+T)=\boldsymbol{B}(t)$;

　　　　τ——时滞因子,$\tau=\Gamma$。

完全离散算法的第一步是对连续时间 t 进行离散化处理,构建一个小的时间区间 $[t_i,t_{i+1}]$,其时间长度为 Δt,$i\in\mathbf{Z}$,令 $\Gamma=\tau=m\Delta t$,$m\in\mathbf{Z}$,则 m 是关于时间周期的近似参数。

下一步,$x_k(k\in\mathbf{Z})$ 代表了第 k 个离散时间区间段。在第 k 个时间区间内,式(4-15)可以被完全离散成:

$$\dot{x}(t_k) = A_k(t)x(t_k) + B_k(t)x_{m,k} \tag{4-16}$$

式中　A_k 和 B_k——分别等于 $\dfrac{1}{\Delta t}\int t_{k-1}t_k A(t)\mathrm{d}t$ 和 $\dfrac{1}{\Delta t}\int t_{k+1}t_k B(t)\mathrm{d}t$。

在时间段 $[t_{k-m},t_{k-m+1}]$ 内,对时滞部分进行线性插值,得

$$x(t-\tau) \approx x_{k-m} + \frac{a}{\Delta t}(x_{k-m+1}-x_{k-m}) = x_{m,k} \tag{4-17}$$

式中　a——插值比例参数;

Δt——代表时间段长度,令 $\dfrac{a}{\Delta t}=0.5$,使用中点插值。

时域部分 $x(t)$ 也可以在时间段 $[t_{k-m},t_{k-m+1}]$ 上通过中点线性插值法进行逼近可以得到:

$$x(t_k) \approx x_k + \frac{a}{\Delta t}(x_{k+1} - x_k) \tag{4-18}$$

本方法和半离散算法及全离散算法的最关键的区别在于处理微分部分的方法。完全离散算法将通过数字化方法替代直接积分法来完成对微分部分的离散。由于欧拉法具有简单、结构清晰的特点,微分因子可以通过前进欧拉法来进行离散化处理:

$$\frac{x_{k+1} - x_k}{\Delta t} = x'_k = \dot{x}(t_k) \tag{4-19}$$

从式(4-19)可以推导出迭代公式:

$$x_{k+1} = x_k + \Delta t f(t,x) \tag{4-20}$$

式中 $f(t,x)$——等于 $A_k x(t_k) + B_k x_{m,k}$。

将式(4-18)代入式(4-20),可得:

$$x_{k+1} = x_k + \Delta t\left\{A_k\left[x_k + \frac{a}{\Delta t}(x_{k+1} - x_k)\right] + B_k\left[x_{k-m} + \frac{a}{\Delta t}(x_{k-m+1} - x_{k-m})\right]\right\}$$
$$\tag{4-21}$$

将式(4-21)中所有包含未来量的 x_{k+1} 移到方程的左端,经整理后可得:

$$x_{k+1} = (I - aA_k)^{-1}(I - aA_k + \Delta tA_k)x_k + (I - aA_k)^{-1}(\Delta t - a)B_k x_{k-m} +$$
$$(I - aA_k)^{-1}aB_k x_{k-m+1} \tag{4-22}$$

如式(4-21)所示,本方法的迭代方程与全离散算法相比十分简单清晰,且由于使用了欧拉法来离散微分部分,半离散方法和全离散方法中存在的指数矩阵在这种方法中没有出现,极大地提高了计算效率。

如果矩阵 $I - aA_k$ 非奇异,则 $(I - aA_k)^{-1}$ 存在,离散化映射可以表示为:

$$y_{k+1} = C_k x_k \tag{4-23}$$

$n(m+1)$ 维向量 y_k 可以表示为:

$$y_k = \mathrm{col}(x_k, x_{k-1}, \cdots, x_{k-m-1}, x_{k-m}) \tag{4-24}$$

C_k 是如下矩阵:

$$C_k = \begin{bmatrix} P_k & 0 & 0 & \cdots & 0 & R_{k1} & R_{k2} \\ 1 & 0 & 0 & \cdots & 0 & 0 & 0 \\ 0 & 1 & 0 & \cdots & 0 & 0 & 0 \\ \vdots & \vdots & \vdots & \ddots & \vdots & \vdots & \vdots \\ 0 & 0 & 0 & \vdots & 0 & 0 & 0 \\ 0 & 0 & 0 & \vdots & 1 & 0 & 0 \\ 0 & 0 & 0 & \vdots & 0 & 1 & 0 \end{bmatrix} \qquad (4\text{-}25)$$

式(4-25)中，P_k、R_{k1}和R_{k2}分别为：

$$P_k = (I - aA_k)^{-1}(I - aA_k + \Delta t A_k)$$
$$R_{k1} = (I - aA_k)^{-1}aB_k \qquad (4\text{-}26)$$
$$R_{k2} = (I - aA_k)^{-1}(\Delta t - a)B_k$$

状态转移矩阵特征值 Φ 构建如下：

$$y_m = \Phi y_0 \qquad (4\text{-}27)$$

式(4-27)中，Φ 定义为：

$$\Phi = C_{m-1}C_{m-2}\cdots C_2 C_1 C_0 \qquad (4\text{-}28)$$

　　与半离散算法和全离散算法类似，完全离散算法也是基于 Floquet 理论判断系统的稳定性，即：当系统特征根传递矩阵特征值 Φ 小于 1，则系统稳定。否则，该系统则会进入颤振状态。

　　本方法的最后一步是建立一个二维的稳定性状态表，该表实际上是等高线，高度为 1 的那条线即是临界稳定线，也就是稳定和不稳定的分界线。对于正交车铣切削过程来说，二维状态表的横轴和纵轴分别是铣刀主轴转速 n_t 和径向切深比率 f_a/D，在该表中的每个元素都是前面计算的传递矩阵特征值 Φ 中的最大值。

4.2.3　完全离散算法在正交车铣加工稳定性预测中的应用

4.2.3.1　正交车铣加工动力学模型

　　忽略铣刀 x_t 和 y_t 方向的结构模态耦合效应，正交车铣切削过程模态方程可以组合成物理坐标下的动力学方程，即：

$$\begin{bmatrix} m_{xx} & 0 \\ 0 & m_{yy} \end{bmatrix} \begin{bmatrix} \ddot{x}(t) \\ \ddot{y}(t) \end{bmatrix} + \begin{bmatrix} 2m_{xx}\zeta_{xx}\omega_{nxx} & 0 \\ 0 & 2m_{yy}\zeta_{yy}\omega_{nyy} \end{bmatrix} \begin{bmatrix} \dot{x}(t) \\ \dot{y}(t) \end{bmatrix} + \begin{bmatrix} m_{xx}\omega_{nxx}^2 & 0 \\ 0 & m_{yy}\omega_{nyy}^2 \end{bmatrix} \begin{bmatrix} x(t) \\ y(t) \end{bmatrix}$$

$$= \begin{bmatrix} F_x \\ F_y \end{bmatrix} = \begin{bmatrix} -wh_{xx}(t) & -wh_{xy}(t) \\ -wh_{yx}(t) & -wh_{yy}(t) \end{bmatrix} \begin{bmatrix} x(t) \\ y(t) \end{bmatrix} + \begin{bmatrix} wh_{xx}(t) & wh_{xy}(t) \\ wh_{yx}(t) & wh_{yy}(t) \end{bmatrix} \begin{bmatrix} x(t-T) \\ y(t-T) \end{bmatrix}$$

$$(4\text{-}29)$$

式中　m_{xx}/m_{yy}、ξ_{xx}/ξ_{yy} 和 $\omega_{nxx}/\omega_{nyy}$——分别是刀具 x/y 方向的模态质量、阻尼比和固有频率；

$h_{xx}(t)$、$h_{xy}(t)$、$h_{yx}(t)$ 和 $h_{yy}(t)$——切削力系数，即：

$$h_{xx}(t) = \sum_{i=1}^{Z} g(\varphi_i) m(\varphi_i) \sin \varphi_i (K_{tc} \cos \varphi_i + K_{rc} \sin \varphi_i)$$

$$h_{xy}(t) = \sum_{i=1}^{Z} g(\varphi_i) m(\varphi_i) \cos \varphi_i (K_{tc} \cos \varphi_i + K_{rc} \sin \varphi_i)$$

$$(4\text{-}30)$$

$$h_{yx}(t) = \sum_{i=1}^{Z} g(\varphi_i) m(\varphi_i) \sin \varphi_i (- K_{tc} \sin \varphi_i + K_{rc} \cos \varphi_i)$$

$$h_{yy}(t) = \sum_{i=1}^{Z} g(\varphi_i) m(\varphi_i) \cos \varphi_i (- K_{tc} \sin \varphi_i + K_{rc} \cos \varphi_i)$$

式(4-29)可变为如下形式：

$$\begin{bmatrix} \ddot{x}(t) \\ \ddot{y}(t) \end{bmatrix} + \begin{bmatrix} 2\zeta_{xx}\omega & 0 \\ 0 & 2\zeta_{yy}\omega_{nyy} \end{bmatrix} \begin{bmatrix} \dot{x}(t) \\ \dot{y}(t) \end{bmatrix} + \begin{bmatrix} \omega_{nxx}^2 + \dfrac{wh_{xx}(t)}{m} & \dfrac{wh_{xy}(t)}{m_{xx}} \\ \dfrac{wh_{yx}(t)}{m_{yy}} & \omega_{nyy}^2 + \dfrac{wh_{yy}(t)}{m_{yy}} \end{bmatrix} \begin{bmatrix} x(t) \\ y(t) \end{bmatrix}$$

$$= \begin{bmatrix} \dfrac{wh_{xx}(t)}{m_{xx}} & \dfrac{wh_{xy}(t)}{m} \\ \dfrac{wh_{yx}(t)}{m_{yy}} & \dfrac{wh_{yy}(t)}{m_{yy}} \end{bmatrix} \begin{bmatrix} x(t-\tau) \\ y(t-\tau) \end{bmatrix} \qquad (4\text{-}31)$$

式(4-29)可转化为状态空间形式：

$$\dot{u}(t) = A(t)u(t) + B(t)u(t-\tau) \qquad (4\text{-}32)$$

根据 4.2.2 节的完全离散法对式(4-32)进行离散化并整理，得：

$$u_{k+1} = (I - aA_k)^{-1}(I - aA_k + \Delta t A_k)u_k + (I - aA_k)^{-1}$$

$$(\Delta t - a)B_k u_{k-m} + (I - aA_k) - 1aB_k u_{k-m+1} \qquad (4\text{-}33)$$

式中：

$$\boldsymbol{A}_k = \begin{bmatrix} 0 & 0 & 1 & 0 \\ 0 & 0 & 0 & 1 \\ -\left(\omega_{\mathrm{n}xx}^2 - \dfrac{wh_{xx,k}}{m_{xx}}\right) & -\dfrac{wh_{xy,k}}{m_{xx}} & -2\zeta_{xx}\omega_{\mathrm{n}xx} & 0 \\ -\dfrac{wh_{yx,k}}{m_{yy}} & -\left(\omega_{\mathrm{n}yy}^2 - \dfrac{wh_{yy,k}}{m_{yy}}\right) & 0 & -2\zeta_{yy}\omega_{\mathrm{n}yy} \end{bmatrix},$$

$$\boldsymbol{B}_k = \begin{bmatrix} 0 & 0 & 1 & 0 \\ 0 & 0 & 0 & 1 \\ \dfrac{wh_{xx,k}}{m_{xx}} & \dfrac{wh_{xy,k}}{m_{xx}} & 0 & 0 \\ \dfrac{wh_{yx,k}}{m_{yy}} & \dfrac{wh_{yy,k}}{m_{yy}} & 0 & 0 \end{bmatrix}, \boldsymbol{u}(t_k) = \begin{bmatrix} x_k \\ y_k \\ \dot{x}_k \\ \dot{y}_k \end{bmatrix}。$$

根据完全离散算法的计算步骤，下一步要建立系数矩阵 $\boldsymbol{C}_k$，该矩阵应满足离散映射：

$$v_{k+1} = \boldsymbol{C}_k x_k \tag{4-34}$$

该向量的构成单元 v_k 依赖于 $x_k, y_k, \dot{x}_k, \dot{y}_k, x_{k-1}, y_{k-1}, x_{k-2}, y_{k-2}, \cdots, x_{k-m}, y_{k-m}$，故需要构成一个 $(2m+4)$ 维的向量：

$$v_k = \mathrm{col}(x_k, y_k, \dot{x}_k, \dot{y}_k, x_{k-1}, y_{k-1}, \cdots, x_{k-m}, y_{k-m}) \tag{4-35}$$

另外，参数矩阵 $\boldsymbol{C}_k$ 应构建成 $(2m+4)$ 维矩阵：

$$\boldsymbol{C}_k = \begin{bmatrix} Pk_{11} & Pk_{12} & Pk_{13} & Pk_{14} & 0 & \cdots & 0 & Rk1_{11} & Rk1_{12} & Rk2_{11} & Rk2_{12} \\ Pk_{21} & Pk_{22} & Pk_{23} & Pk_{24} & 0 & \cdots & 0 & Rk1_{21} & Rk1_{22} & Rk2_{21} & Rk2_{22} \\ Pk_{31} & Pk_{32} & Pk_{33} & Pk_{34} & 0 & \cdots & 0 & Rk1_{31} & Rk1_{32} & Rk2_{31} & Rk2_{32} \\ Pk_{41} & Pk_{42} & Pk_{43} & Pk_{44} & 0 & \cdots & 0 & Rk1_{41} & Rk1_{42} & Rk2_{41} & Rk2_{42} \\ 1 & 0 & 0 & 0 & 0 & \cdots & 0 & 0 & 0 & 0 & 0 \\ 0 & 1 & 0 & 0 & 0 & \cdots & 0 & 0 & 0 & 0 & 0 \\ 0 & 0 & 0 & 0 & 1 & \cdots & 0 & 0 & 0 & 0 & 0 \\ \vdots & \vdots & \vdots & \vdots & \vdots & \vdots & \vdots & \vdots & \vdots & \vdots & \vdots \\ 0 & 0 & 0 & 0 & 0 & \cdots & 0 & 1 & 0 & 0 & 0 \\ 0 & 0 & 0 & 0 & 0 & \cdots & 0 & 0 & 1 & 0 & 0 \\ 0 & 0 & 0 & 0 & 0 & \cdots & 0 & 0 & 0 & 1 & 0 \end{bmatrix}$$

$$\tag{4-36}$$

式中：

$$P_k = (I - aA_k)^{-1}(I - aA_k + \Delta t A_k)$$
$$R_k = (I - aA_k)^{-1} aB_k = (I - aA_k)^{-1}(\Delta t - a)B_k \tag{4-37}$$

最后一步是构建和计算传递矩阵的特征值 Φ。根据式(4-35)，传递矩阵构建的特征值为如下形式：

$$\Phi = C_{m-1}C_{m-2} \cdots C_2 C_1 C_0 \tag{4-38}$$

这里，近似参数 $m = 40$，计算网格数为 400×200。

4.2.3.2 正交车铣模态参数识别试验

正交车铣模态参数识别试验在车铣复合加工机床 MAZAK INTE-GREX 200-IVST(1000U)上进行，刀具直径为 20 mm，刀杆型号为 R390-020A22-11M，刀片型号为 R390-11 T3 08E-PLW 1130，悬伸量为 63 mm。采用的力锤型号为 PCB 086D05，加速度传感器型号为 PCB 356A32 SN LW208321，信号采集和分析设备型号为 LMS Test. Lab，数据分析软件为 LMS Test. Lab 11B Modal Analysis。试验现场如图 4-18 所示。

为了和正交车铣实际加工情况一致，预测其颤振稳定性需要锤击刀尖点（相当于悬臂梁）。当加速度传感器吸合在刀具刀尖水平方向左侧，在刀尖对应的另一水平方向锤击刀尖，可获得刀具相应 x_t 方向的加速度幅频曲线；使刀具旋转 $90°$，在刀尖对应的另一铅垂方向锤击刀尖，可获得刀具相应 y_t 方向的加速度幅频曲线，具体的锤击方向如图 4-19 所示。

（a）锤击　　　　　　　　　　（b）LMS Tet. Lab 数据采集前端

图 4-18　主轴-刀具系统模态试验现场

锤击之后得到的信号经过设备 LMS Test. Lab 采集和分析后，最终通过 LMS Test. Lab 11B Modal Analysis 软件分析得出固有频率 f_n 和阻尼比

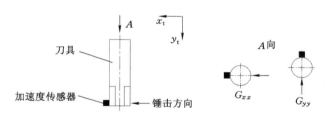

图 4-19　模态试验锤击方向示意图

ξ,如图 4-20 所示。图中,o 表示极点不稳定,v 表示极点向量在公差范围内稳定,s 表示极点的频率、阻尼、向量在公差范围内都稳定。稳态图坐标轴中,横轴为频率,左纵轴为频响函数实部幅值,右纵轴为假定的极点数目。选择模态应该遵循两个原则,第一尽可能选在曲线波峰处,第二波峰对应纵线应该尽可能多包含 s 极点。

　　刀具的模态质量 m 可通过以下公式得到:

$$m = \frac{k}{\omega_n^2} \tag{4-39}$$

式中　k——刀具的刚度。

　　可按以下公式求 k:

$$k = \frac{1}{2\zeta |Y_x|_{\max}} \tag{4-40}$$

式中　$|Y_x|_{\max}$——刀具共振位移幅值,m/N。

　　由于前面的试验得到的是刀具共振加速度幅值,因此需要按照下列公式进行转换:

$$|Y_x|_{\max} = \frac{9.8|Y_a|_{\max}}{\omega_n^2} \tag{4-41}$$

式中　$|Y_a|_{\max}$——刀具共振加速度幅值,g/N。

　　把式(4-40)和式(4-41)代入式(4-39),合并整理后,可得:

$$m = \frac{1}{19.6\zeta |Y_a|_{\max}} \tag{4-42}$$

最终,得到刀具 x_t 和 y_t 方向的模态参数如表 4-1 所示。

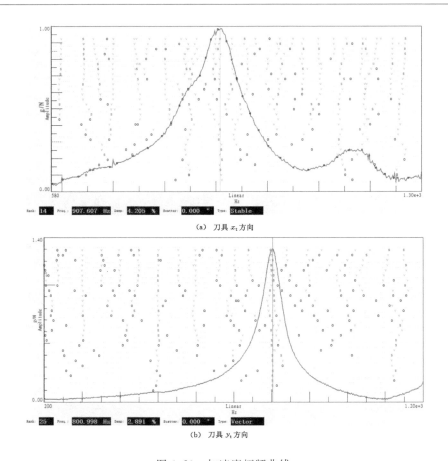

(a) 刀具 x_t 方向

(b) 刀具 y_t 方向

图 4-20　加速度幅频曲线

表 4-1　主轴-刀具系统模态参数

方向	ω_n/Hz	ξ	$|Y_a|_{max}/\mathrm{kg}$	m/kg
xx	907.607	0.042 05	0.985	1.232
yy	800.998	0.028 91	1.31	1.347

4.2.3.3　TC21 钛合金正交车铣加工的颤振仿真与试验

为验证完全离散法在正交车铣加工稳定性预测中的正确性,首先根据完全离散法生成正交车铣加工颤振稳定性叶瓣图,然后根据叶瓣图优选参数,最后加工试验进行验证。

正交车铣加工试验安排在 INTEGREX 200-IVST 车铣复合加工中心上完成,如图 4-21 所示。试验材料为 ϕ80 mm 的 TC21 钛合金棒料。

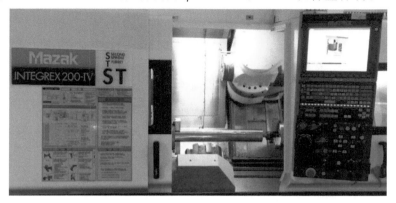

图 4-21　正交车铣加工颤振试验

使用完全离散法生成正交车铣加工颤振稳定性叶瓣图如图 4-22 所示,图中叶瓣以下为加工稳定区,叶瓣以上为加工颤振区。正交车铣是断续切削,切削速度对工件已加工表面的质量具有重要的影响,即使在切削时不发生颤振,较低的切削速度相对于较高的切削速度,更容易在工件已加工表面留下相对严重的刀痕和较大的表面粗糙度值。因此,为避免切削速度对切削颤振的误判,相同切削速度下选择不同切削深度 a_p 对颤振情况进行验证。

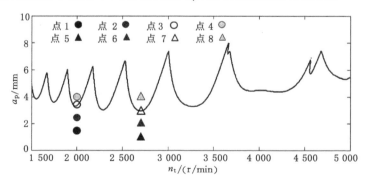

图 4-22　正交车铣加工颤振稳定性叶瓣图

正交车铣颤振试验参数如下:工件半径 r_w = 40 mm,刀具半径 r_t = 10 mm,刀齿数 Z = 3,铣刀轴向进给量 f_a = 4 mm/r,工件转速 n_w = 5 r/min,

偏心量 $e = -8$ mm。图 4-22 中八个点对应八组切削参数,点 1、2、3 和 4 分别对应于同一切削速度 $n_t = 2\ 000$ r/min 下四个不同的切削深度:$a_p = 1.5$ mm、$a_p = 2.5$ mm、$a_p = 3.5$ mm 和 $a_p = 4$ mm;点 5、6、7 和 8 分别对应于同一切削速度 $n_t = 2\ 650$ r/min 下四个不同的切削深度:$a_p = 1$ mm、$a_p = 2$ mm、$a_p = 3$ mm 和 $a_p = 4$ mm。

采用上述八组切削参数进行正交车铣加工,并使用 KH-7700 三维视频显微系统对工件已加工表面进行观测,结果如图 4-23、图 4-24 所示。

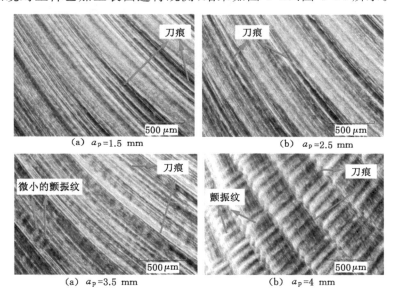

图 4-23　在 $n_t = 2\ 000$ r/min 条件下不同切削深度对切削颤振的影响

在切削速度 $n_t = 2\ 000$ r/min 情况下,当切削深度 $a_p = 1.5$ mm、$a_p = 2.5$ mm 时,随着切削深度的增加,切削力增大、切削振动增大,使得铣刀在工件已加工表面上产生的刀痕愈加凸凹不平,导致表面粗糙度值增加。由于切削参数在加工稳定区域(图 4-22 点 1、2),因此在工件已加工表面未发现切削颤振导致的颤振纹。当 $a_p = 3.5$ mm 时,切削参数处在加工颤振区边界(图 4-22 点 3),因此除了在工件已加工表面发现刀痕外,还发现了微小的颤振纹。当 $a_p = 4.5$ mm 时,切削参数处在加工颤振区(图 4-22 点 4),因此除了在工件已加工表面发现刀痕外,还发现了明显增多的颤振纹。

在切削速度 $n_t = 2\ 650$ r/min 情况下,对应于不同的切削深度 a_p(1 mm、

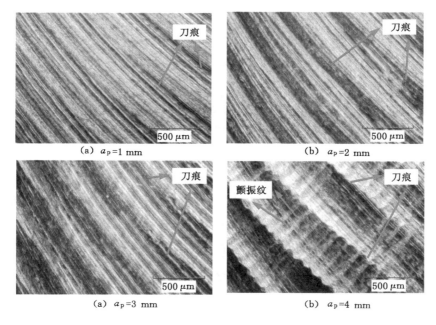

图 4-24 在 $n_t = 2\,650$ r/min 条件下不同切削深度对切削颤振的影响

2 mm、3 mm 和 4 mm),正交车铣切削从稳定到颤振的变化过程如图 4-23 所示,其变化过程和图 4-22 相似。需要注意的是,在切削深度 $a_p = 3$ mm 即叶瓣边界时,没有观测到微小的颤振纹,但已加工表面的凸凹不平比处于稳定区域的切削深度 a_p(1 mm 和 2 mm)要严重,这说明稳定叶瓣图可能存在较小的误差。当切削深度 $a_p = 4$ mm 即在颤振区域时,可以观测到明显的颤振纹。

通过上述分析,验证了本书提出的完全离散算法在正交车铣加工稳定性预测中的正确性和准确性。

4.2.3.4 切削参数对正交车铣加工稳定性的影响

由前面的章节分析可知,正交车铣加工时偏心量 e 要取负且绝对值要尽量选大,有助于改善切削环境、降低切削力,所以 e 的取值范围不大。工件转速 n_w 愈低,愈有助于降低转速比和减小切削冲击、提高加工工件表面质量,但加工效率会下降。要保证良好的工件表面质量并兼顾到合适的加工效率,正交车铣加工时工件转速的取值范围 n_w 不大。正交车铣时,切削参数的变化会导致刀具切入/切出角发生变化,从而影响叶瓣图。由于偏心

量 e 和工件转速 n_w 的取值范围不大,所以对刀具切入/切出角的影响较小,进而对颤振图的影响也较小,加上仿真结果存在着无法避免的误差,所以本节不对偏心量 e 和工件转速 n_w 对正交车铣加工的稳定性的影响进行研究。

轴向进给量 f_a 的取值范围较宽,对刀具切入/切出角的影响较大,所以本节只研究轴向进给量 f_a 对正交车铣加工稳定性的影响。

当轴向进给量 f_a 增加时,极限切削深度逐渐减小,即颤振极限切深值下移,因此高的轴向进给量更容易引发颤振,如图 4-25 所示。正交车铣加工时,切削参数需要根据图 4-25 进行选择以避免颤振。由于本书只对正交车铣精加工进行研究,而正交车铣精加工的切削深度 a_p 一般小于 2 mm,所以不会颤振。如果进行粗加工,切削深度 a_p 较大,就需要根据图 4-25 进行铣刀转速 n_t 和切削深度 a_p 的选择以避免颤振。

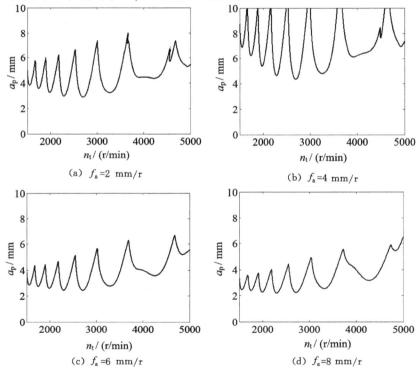

(a) f_a=2 mm/r

(b) f_a=4 mm/r

(c) f_a=6 mm/r

(d) f_a=8 mm/r

图 4-25　轴向进给量对正交车铣颤振稳定性仿真结果的影响

(r_w=40 mm、r_t=10 mm、n_w=5 r/min、e=−8 mm、Z=3,顺铣)

4.3　本章小结

（1）基于正交车铣切削层几何形状的解析模型，根据 Altintas（阿尔金塔斯）方法建立正交车铣切削力解析模型和仿真算法，通过试验验证该算法的正确性，最后分析不同切削层几何形状对切削力的影响规律，结论如下：当底刃参与切削形成切削层的程度增加时，由于越靠近刀具中心，底刃参与切削的刀刃点的线速度越低，则刃口摩擦作用增强，切削力随着增大。$A_y < D_y$ 情况下，铣刀底刃参与切削层形成的程度最大，刃口摩擦作用最强，故对应的切削力最大；$D_y \leqslant A_y < B_y$ 情况下，铣刀底刃参与切削层形成的程度较小，故切削力小于 $A_y < D_y$ 情况；$A_y \geqslant B_y$ 情况下，铣刀只有侧刃参与切削形成切削层，故切削力最小。$A_y \geqslant B_y$ 情况下，铣刀只有侧刃参与切削且切削力也最小，故只有铣刀侧刃处产生磨损且磨损状态最好。为减小切削力和切削冲击，提高刀具耐用度，正交车铣的切削参数选择应满足 $A_y \geqslant B_y$ 条件。

（2）分析 $A_y \geqslant B_y$ 情况下切削参数对铣刀侧刃的切入角/切出角、各切削分力以及总切削力的影响规律，结论如下：

工件半径 r_w 增加时，铣刀一次切削过程产生的切削层体积增大，所以切削力也随之增大，但铣刀侧刃的切入/切出角变化不明显；切削深度 a_p 增加会造成铣刀一次切削过程产生的切削层体积增大，从而使得切削力增大，但铣刀侧刃的切入/切出角变化不明显；转速比 λ 的增加会使铣刀转过一齿，工件相应转过的 φ_z 角减小，造成切削厚度变薄，从而使切削力减小，同时铣刀侧刃的切入角没有变化，但切出角减小；当偏心量 e 绝对值增加时，铣刀各切削分力有所减小，但侧刃的切入/切出角无变化；轴向进给量 f_a 增加，会造成切削厚度增大，从而使切削力增大，同时，铣刀侧刃的切入角随着切削厚度的增加而明显减小，造成各切削分力在切入角之后上升到切削力最大值的速率增加，而切出角增大趋势不明显；当刀具齿数 Z 增加时，铣刀侧刃的切入角没有变化，切出角减小但趋势不明显，切削力减小且趋势明显，各切削分力在切入角之后上升到切削力最大值的速率增加，从最大值下降到切出角的速率减小。同时，随着铣刀齿数的增加，同时工作的铣刀齿数也会增加,有利于提高铣削过程的平稳性。

(3)以再生型颤振理论为基础,建立了刚性工件-柔性刀具的正交车铣动力学模型,提出了一种基于欧拉法的完全离散算法,其特点是通过数字化方法替代直接积分法来完成对微分部分的离散。

采用完全离散法建立了正交车铣加工的动力学模型,通过模态参数识别试验计算出主轴-刀具系统的模态参数:固有频率、阻尼比和刀具的模态质量。通过正交车铣加工的颤振试验验证了完全离散算法在正交车铣加工稳定性预测中的正确性和准确性。

求解和绘制了正交车铣加工的稳定性图,分析了轴向进给量 f_a 对正交车铣加工稳定性的影响。当轴向进给量增加时,极限切削深度逐渐减小,即颤振极限切深值下移,因此高的轴向进给量更容易引发颤振。

(4)在保证合理加工表面粗糙度以及降低切削力、提高刀具耐用度的情况下,正交车铣的优化切削参数为:加工工件半径 $r_w = 40$ mm 时,铣刀转速 $n_t = 1\ 500 \sim 2\ 500$ r/min、工件转速 $n_w = 2 \sim 8$ r/min、偏心量 $e = -8 \sim -5$ mm、轴向进给量 $f_a = 2 \sim 6$ mm/r、切削深度 $a_p = 0.5 \sim 1.5$ mm、铣刀齿数 $Z = 1 \sim 3$,在此切削参数下加工 TC21 钛合金不会产生颤振。

5　TC21 钛合金正交车铣的切削加工性研究

通过正交车铣加工表面形貌、切削层几何形状建模与仿真、切削力及加工稳定性等正交车铣运动学和动力学关键技术的研究,掌握了正交车铣加工表面形貌变化规律及表面粗糙度预测的理论与方法,建立了车铣不同切削层几何形状数学模型及相应的切削力数学模型,确定了车铣颤振稳定性模型和绘制稳定性叶瓣图,为优化正交车铣切削参数提供了理论依据。

为验证上述的研究结果和正交车铣的加工优势,本章以新一代战机中重要或关键承力部件广泛应用的 TC21 损伤容限型钛合金为试验材料,根据前面章节的研究成果优选正交车铣参数,并对 TC21 钛合金进行正交车铣加工试验。以加工效率、刀具耐用度和加工表面完整性为性能指标,和车削 TC21 钛合金的试验进行对比,分析和验证正交车铣在以 TC21 钛合金为代表的高强韧性难加工材料上的加工优势。

5.1　试验条件及方案

5.1.1　试验材料、机床及刀具

5.1.1.1　试验材料

车削试验材料为钛合金 TC21 和 TC4,$\phi 80$ mm 的 TC21 钛合金棒料,采用准 β 锻造＋双重退火的热工艺,锻件组织为网篮结构;$\phi 80$ mm 的 TC4 钛合金棒料,采用 β 锻造＋双重退火的热工艺,其组织形态为双态组织。正交

车铣试验材料采用与车削试验相同的 $\phi80$ mm 的 TC21 钛合金棒料。试验材料的金相组织如图 5-1 所示,其化学成分和主要性能如表 5-1 和表 5-2 所示。

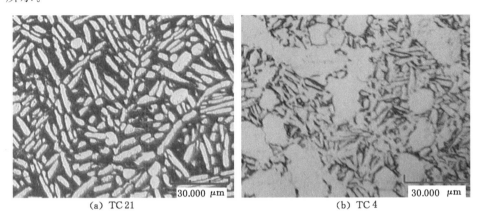

(a) TC 21 (b) TC 4

图 5-1　原材料的金相组织

表 5-1　试验材料的化学成分(质量百分比)

TC21	Si	Cr	Zr	Nb	Sn	Mo	Al	Ti
	0.09	0.77	2.19	2.31	2.32	2.87	6.78	balance
TC4	N	C	H	O	Fe	V	Al	Ti
	0.05	0.1	0.015	0.2	0.3	4	6	balance

表 5-2　试验材料的主要物理和力学性能

材料	强度极限 σ_b/MPa	屈服极限 $\sigma_{0.2}$/MPa	延伸率 δ_5/%	断面收缩率 ψ/%	冲击韧性 a_{KU}/(J/cm^2)
TC21	1 174	1 083	11.3	20	51.5
TC4	903	825	16.8	42.8	46

5.1.1.2　机床

车削试验在 SK 50P 数控车床上完成,该机床的主要技术参数如下:功率 7.5 kW;主轴最大扭矩 800 N·m;主轴转速:62~1 620 r/min。正交车铣试验在 INTEGREX 200-IVST 车铣复合加工中心上完成。

5.1.1.3 刀具

TiAlN 涂层刀具具有良好的耐磨性和抗高温氧化性,可显著改善刀具的切削性能,提高切削效率[85],广泛应用于切削钛合金、高温合金和不锈钢等难加工材料。因此,本试验采用 TiAlN 涂层刀具。车削刀柄型号为 PCL-NR2525M12,刀片型号为肯纳 CNMG120412MS,刀具材料为涂层硬质合金 KC55l0(TiAlN),前角 13°,后角 11°。

正交车铣选用山特维克 CoroMill 390 系列立铣刀,用于车铣复合加工的精加工。如图 5-2 所示,刀杆型号为 R390-020A22-11M,切削直径为 20 mm,刀片为 R390-11 T3 08E-PLW 1130 型号的 TiAlN 涂层硬质合金刀片,工作前角为 16°,工作后角为 12°。

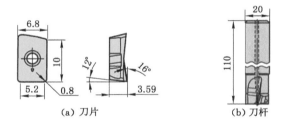

图 5-2 正交车铣铣刀

5.1.2 试验仪器

切削力的数据采用瑞士 KISTLER 9272A 三向压电式测力仪、电荷放大器和相应的数据采集与处理系统。

车削温度试验采用自然热电偶测温法和红外热成像对比标定法。需要的仪器包括热电偶快速标定系统(热电偶快速标定装置、NI-6211 采集卡和计算机采集系统)和 FLIR Systems AB 型红外热像仪。

表面粗糙度采用 Mahr M1 便携式粗糙度仪,采用 KH-7700 三维视频显微系统对刀具磨损状态和金相显微组织进行分析,采用 HXS-1000A 型数显显微硬度计进行显微硬度测量。

5.1.3 测温方法

5.1.3.1 车削测温

自然热电偶法是能够在湿切状态下较为准确测量切削温度的方法。在采用自然热电偶法之前需要对刀具和加工材料的热电特性进行标定,以获得热电势与温度之间的对应关系。由于车削试验采用涂层刀具,无法进行标定,所以切削温度试验采用自然热电偶测温法和红外热成像对比标定法,该方法步骤如下:

(1) 对整体硬质合金刀具(YG 类,WC-6％Co)和工件材料 TC21 钛合金采用比较法进行自然热电偶的标定。

工件材料和刀具材料分别标定[86],根据热电回路基本定律中的参考电极定律:$E_{AB}(T,T_0) = E_{AC}(T,T_0) - E_{BC}(T,T_0)$,即可得到工件 TC21-硬质合金热电偶的热电势,得到的热电特性曲线如图 5-3 所示。

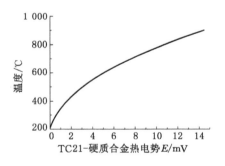

图 5-3　TC21-硬质合金的热电特性曲线

(2) 硬质合金刀具的自然热电偶测温法测温和红外测温的对比和标定。

在硬质合金刀具干切状态下,采用自然热电偶测温法测温[86],将康铜丝夹紧在刀片的底部,车削过程中,车刀切除到钛合金的同时,刀具与工件接触区产生的高温(热端)与刀具、工件各自引出端的室温(冷端)形成温差电势,通过 NI-6211 采集卡采集并经测温分析系统分析得出具体热电势信号,如图 5-4(a)所示。通过图 5-3 所示的 TC21-硬质合金的热电特性曲线即可得出相应温度。同时采用 FLIR Systems AB 型红外热像仪对切削温度进行测量,如图 5-4(b)所示,测量结果和自然热电偶法得出的温度进行对比和标定。

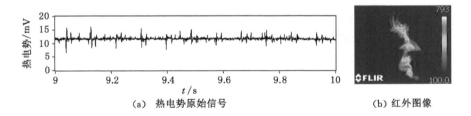

（a） 热电势原始信号　　　　　　（b） 红外图像

图 5-4　自然热电偶法和红外热成像的测温对比

（$v=100\ \mathrm{m/min}$、$a_\mathrm{p}=1\ \mathrm{mm}$、$f=0.1\ \mathrm{mm/r}$）

（3）确定自然热电偶电势和红外热像仪测量的温度之间的关系式。

通过自然热电偶法得到 KC5510 刀具在干切状态下的电势，与标定后的红外热像仪测量的温度进行对比，得出 KC5510 自然热电偶电势和红外热像仪测量的温度之间的关系式[87]。最后，KC5510 刀具在湿切状态下采用自然热电偶法得出电势，根据第三步骤确定的关系式，即可得出相应切削温度。

5.1.3.2　正交车铣测温

目前，切削加工较为准确的测温方法为热电偶法，车削加工常采用自然热电偶法，铣削加工常采用夹丝热电偶法。正交车铣加工时，由于工件和铣刀同时旋转，故上述两种方法都不适用。为解决此问题，本书提出了一种新的测温方案，如图 5-5 所示。

图 5-5 中，试验工件由左侧和右侧两部分组成。工件左侧部分的右端面需磨削并加工有螺纹孔；工件右侧部分加工成阶梯轴，其左端面需磨削加工并加工有均匀分布的沟槽和螺纹孔，其中间为阶梯孔。

在工件左侧部分右端面和工件右侧部分左端面中间放置两张绝缘膜，在每个沟槽中放入热电偶丝，每个热电偶丝在工件圆心处缠绕成一根从筒状绝缘体孔中穿过并和数据采集系统相连，然后通过螺纹连接保证工件左侧和右侧部分的紧密固定。

导电滑环中间为转子和工件右侧部分的细轴固定并随工件同步旋转。导电滑环外圈是定子，上面有螺纹连接的固定板，固定轴通过外部装置保持固定不动，固定轴插入到固定板上的圆槽中即可保证导电滑环定子不动。

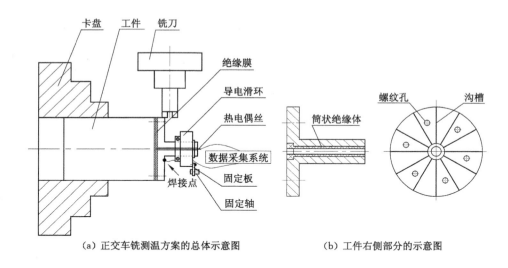

（a）正交车铣测温方案的总体示意图　　　　（b）工件右侧部分的示意图

图 5-5　正交车铣测温方案

工件远离切削的区域和导电滑环转子的导线焊接固定，切削时采集的信号通过导电滑环定子的导线输出并和数据采集系统相连。

正交车铣加工时，当高速旋转的铣刀切削低速旋转的工件，当铣刀切削到热电偶丝一端时（工件直径最大处），热电偶丝和工件直径的绝缘膜被破坏，形成瞬时热接点即构成热电偶的热端，焊接点处远离切削区域即构成冷端，这样工件和热电偶丝就构成了一个热电偶，对其标定后通过冷端和热端之间的热电势即可测得切削温度。该设计方案适用于单涂层、多涂层或非涂层等各种刀具，测的是切削区域的瞬时温度。其原理和夹丝热电偶法一致。

对 TC21 和康铜构成的热电偶采用快速热电偶标定装置进行标定[86]，所得的标定曲线如图 5-6 所示。然后，通过上述测温方案得到热电势，根据图 5-6 即可得到相应的车铣温度。

5.1.4　试验参数

金属材料被刀具切削加工后成为合格工件的难易程度称为切削加工性。本章首先进行钛合金 TC21 和 TC4 的车削试验，以钛合金应用最广泛的 TC4 为对比对象，通过测量 TC21 和 TC4 车削过程中的切削力、切削温

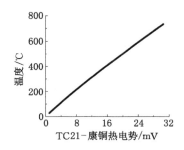

图 5-6 TC21-康铜热电偶的标定曲线

度和刀具耐用度,综合分析 TC21 的车削加工性。同时,对 TC21 车削后的已加工表面质量进行分析,在合适的刀具耐用度条件下,确定 TC21 合适的车削参数。

另一方面,采用正交车铣方式进行 TC21 钛合金的加工试验。在不低于车削加工效率的前提下,通过前面章节的研究确定正交车铣加工参数,从加工效率、刀具耐用度和已加工表面质量三个方面和车削进行对比,评价正交车铣的切削加工性。

(1) 车削参数的确定。

TC21 钛合金车削的加工参数包括切削速度 v、切削深度 a_p 和每转进给量 f。试验在湿切条件下,采用单因素法试验,得到 TC21 车削合理刀具耐用度对应的试验参数如表 5-3 所示。

表 5-3 高速车削试验参数

参数	取值
$v/(\text{m/min})$	80、100、120、140、160
a_p/mm	0.3、0.6、1
$f/(\text{mm/r})$	0.05、0.1、0.15

(2) 根据前面章节的研究结论可获得在保证合理加工表面形貌、表面粗糙度和刀具耐用度前提下,优化的正交车铣切削参数。同时,考虑到实际加工时,精加工留有的余量一般不超过 0.5 mm,制定 TC21 正交车铣加工的试验参数如表 5-4 所示。

表 5-4   正交车铣试验参数

参数	取值
铣刀转速 n_t/(r/min)	1 500、2 000、2 500
工件转速 n_w/(r/min)	2、5、8
切削深度 a_p(mm)	0.5、1、1.5
轴向进给量 f_a(mm/r)	2、4、6
偏心量 e/mm	−8、0、8

5.2   TC21 钛合金车削的切削加工性试验研究

5.2.1   切削力和切削温度分析

切削力和切削温度是影响刀具耐用度和已加工表面质量的重要因素，掌握其变化规律律对于进行 TC21 钛合金的切削加工性分析具有重要作用。

图 5-7 所示是 TC21 车削时切削力测量的原始信号。

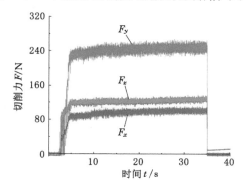

图 5-7   TC21 车削切削力测量的原始信号

(v=100 m/min、a_p=0.3 mm、f=0.1 mm/r)

切削参数对切削力的影响如图 5-8 所示，图中：F 为切削合力，F_x、F_y、F_z 分别为轴向力、径向力、切向力。由图 5-8 可知，切削速度 v 和切削深度 a_p 对切削力的影响均较明显，随着 v 的增加，切削合力是呈现先下降后上升

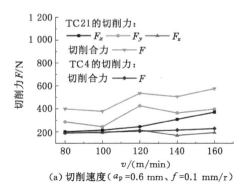

（a）切削速度（a_p =0.6 mm、f =0.1 mm/r）

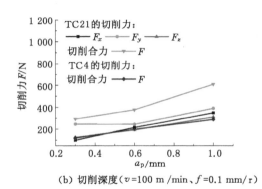

（b）切削深度（v =100 m /min、f =0.1 mm/r）

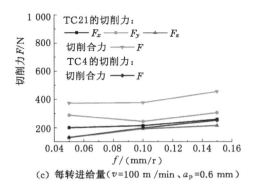

（c）每转进给量（v =100 m /min、a_p =0.6 mm）

图 5-8 TC21 车削参数对切削力的影响

的趋势。这是由于随着 v 的提高，切削温度升高，使得切屑底层软化，形成薄薄的微熔层，切屑与前刀面的摩擦系数减小，同时切屑变形时间缩短，也使得切屑变形系数减小。从而，切削力尤其是径向力 F_y 减小。随着 v 的进一步上升，切削温度超过刀具涂层耐受温度，刀具磨损加剧，切削力随之上升。

由图 5-9 可见，切削速度 v 和每转进给量 f 对 TC21 切削温度的影响要大于切削深度 a_p。这是由于测温采用的自然热电偶法只能测取切削区域的平均温度，随着切削深度的增加，切削区域的体积也将增加，所以所测切削温度增加的趋势并不明显。

5.2.2 TC21 钛合金车削加工性

刀具耐用度是衡量工件材料的切削加工性的重要指标。刀具精加工的磨钝或失效标准是后刀面平均磨损量 VB 达到 0.2 mm，后刀面最大磨损量达到 0.4 mm。

5.2.2.1 切削参数对刀具耐用度的影响

图 5-10 反映了切削参数对刀具耐用度 T 的影响规律，即在不同切削参数下，刀具磨损量 VB 和时间 t 的关系，t 愈大且 VB 愈小，说明该参数对应的刀具耐用度 T 愈高。

如图 5-10 所示，各切削参数对刀具耐用度的影响都比较明显。试验中，高的切削参数造成刀具磨损加剧，合适的切削参数分别为：当 $v = 100$ m/min、$a_p = 0.6$ mm、$f = 0.05$ mm/r 时，刀具耐用度 T 最长，为 $T = 63$ min；当 $v = 100$ m/min、$a_p = 0.3$ mm、$f = 0.1$ mm/r 时，$T = 47$ min；当 $v = 80$ m/min、$a_p = 0.6$ mm、$f = 0.1$ mm/r 时，$T = 22$ min。

图 5-8(c) 中，在 $f = 0.05$ mm/r 和 $f = 0.1$ mm/r 参数下，切削合力和各切削分力变化不大，但是对应的刀具耐用度 T 却从 91 min 下降到 4.5 min，如图 5-10(c) 所示。这主要是由于 TiAlN 涂层刀具表面硬度高、耐磨性好，合理的切削温度下，切削力的增加对刀具磨损的影响较小。当切削温度超过 TiAlN 涂层的耐受温度时，涂层容易剥落，硬度下降明显，涂层寿命急剧下降。由此可见，TC21 高速车削时虽然切削力比较大，但不是影响刀具耐用度的主要因素，切削温度才是影响刀具耐用度的主要因素。

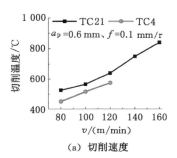

（a）切削速度

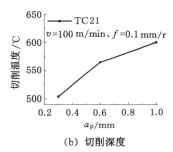

（b）切削深度

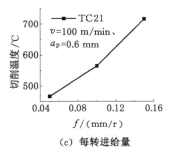

（c）每转进给量

图 5-9　TC21 车削参数对切削温度的影响

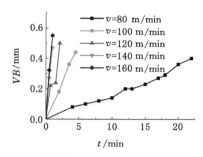

（a）切削速度（a_p=0.6 mm、f=0.1 mm/r）

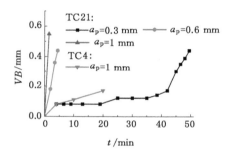

（b）切削深度（v=100 m/min、f=0.1 mm/r）

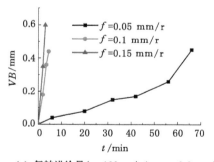

（c）每转进给量（v=100 m/min、a_p=0.6 mm）

图 5-10　TC21 切削参数对刀具磨损的影响

试验采用刀具的 TiAlN 涂层的耐受温度一般为 $700 \sim 800$ ℃,考虑到切削区域的实际最高温度要高于试验所测温度,高速车削 TC21 的推荐切削参数为:$v = 80 \sim 100$ m/min、$a_p = 0.3 \sim 0.6$ mm、$f = 0.05 \sim 0.1$ mm/r。在推荐切削下,切削温度低于 TiAlN 涂层的耐受温度,能够保证合适的刀具耐用度。

如图 5-10(b)所示,在 $v = 100$ m/min、$a_p = 1$ mm、$f = 0.1$ mm/r 参数下切削 TC21,切削时间为 1.5 min 时,刀具磨损量 VB 就已达到 0.55 mm;而在相同切削参数下切削 TC4,切削时间为 20 min 时,VB 却只有 0.18 mm,说明 TC21 的切削加工性差于 TC4。

5.2.2.2 TC21 车削加工性的分析

切削力和切削温度是影响刀具耐用度的重要因素,较高的切削力和切削温度加剧了刀具磨损、降低了刀具耐用度,严重影响了钛合金 TC21 的切削加工性能。其主要原因如下:

(1) TC21 的物理和力学性能有别于 TC4

与 TC4 不同,TC21 材料中添加了 β 稳定元素 Cr、Mo、Nb 和中性元素 Sn 和 Zr,起到了固溶强化作用,提高了室温和高温的抗拉强度以及硬度。在组织形态上,TC21 的网篮组织相对于 TC4 的双态组织,具有更好的蠕变性能、断裂韧性和疲劳裂纹扩展性能,但塑性有所下降。TC21 相对于 TC4,多项物理性能指标均有所变化,而物理性能是影响切削加工性的重要因素。

① TC21 的强度高于 TC4,在室温下,TC21 的抗拉强度 σ_b 和屈服强度 $\sigma_{0.2}$ 都大于 1 000 MPa,而 TC4 的 $\sigma_b = 903$ MPa、$\sigma_{0.2} = 825$ MPa。强度越高,材料的变形抗力越强,则材料的剪应力 τ 越大,从而切削力越大,消耗的功率越多,导致切削温度越高,切削加工性越差。

② TC21 的硬度高于 TC4(TC21 的硬度为 $36 \sim 39$ HRC,TC4 的硬度为 $33 \sim 36$ HRC),加剧了刀具的磨损,降低了切削加工性。

③ TC21 的冲击韧性 a_{KU} 高于 TC4(TC21 的 $a_{KU} \approx 51.5$ J/cm^2,TC4 的 $a_{KU} \approx 46$ J/cm^2),冲击韧性对断屑的影响显著,在其他条件相同的情况下,材料的冲击韧性越大,材料在破断之前所吸收的能量越大,断屑越不易,则切削加工性差。

④ TC21 的断面收缩率 ψ 和延伸率 δ_5 小于 TC4(TC21 的 $\psi = 20\%$、$\delta_5 =$

11.3％,TC4 的 $\psi=42.8\%$、$\delta_5=16.8\%$),说明 TC21 的塑性小于 TC4 的,会减小切削时切屑与前刀面的接触长度,增加了刀刃附近的切削力和切削温度集中状况,从而促使刀具磨损加剧,切削加工性降低。

⑤ TC21 的导热率 θ 低于 TC4[400 ℃时,TC4 的 $\theta=10.3$ W/(m·℃),而 TC21 的 $\theta=9.3$ W/(m·℃);在 500 ℃时,TC4 的导热率 $\theta=11.8$,而 TC21 的 $\theta=10.2$]。低的导热率造成通过刀具传导出去的热量增加,切削温度随之升高,切削加工性降低。

（2）TC21 的金相组织形态与 TC4 迥然不同

如图 5-1 所示,本试验材料 TC4 的双态组织中,等轴状的初生 α 相有利于滑移的开动,而次生 α 相的尺寸要明显小于 TC21 网篮组织中的 α 晶粒,这就造成切削时切屑更容易沿 TC4 的晶粒产生滑移而提高切削加工性。

TC21 的网篮组织中,α"束集"的尺寸要大于双态组织中的次生 α 相,且各片丛交错排列。一方面,切削时,切屑产生过程中的滑移只能穿过与扩展方向一致的平行 α 束域,而每个 α 束域的位相均不一样,所以滑移扩展至集束边界时,将产生停滞并且被迫改变方向,使其滑移路径更曲折,消耗能量更多;另一方面,在网篮组织中,当产生滑移的切应力集中较大时,可以产生分枝以使应力集中得到缓解,即产生垂直于主滑移平面的二次滑移,这种二次滑移也要消耗较多的能量[88]。因此,TC21 切削过程中切屑的形成需要消耗更多的能量,所以 TC21 的切削力相对于 TC4 的更大,切削温度也将增加,造成切削加工性降低。

综上所述,物理性能的不同和金相组织形态的迥异,造成 TC21 的切削力和切削温度高于 TC4,加剧了刀具磨损,造成 TC21 的切削加工性较差。

5.2.3 TC21 钛合金车削的已加工表面完整性分析

表面粗糙度、金相显微组织和显微硬度是考核表面完整性好坏的重要指标,分析切削参数对 TC21 车削表面完整性的影响规律,是衡量 TC21 车削的切削加工性和加工工件使用性能的重要内容。

5.2.3.1 表面粗糙度分析

TC21 钛合金由于硬度高和强度大并且是高速切削,所以不易形成积屑瘤、鳞刺。切削参数主要是通过影响切削温度和塑性变形从而影响已加工表面粗糙度。

在本试验参数下的表面粗糙度值 $Ra=0.4\sim1.2~\mu m$，如图 5-11 所示。随着 v 的增加，已加工表面粗糙度呈现先减小后增大的变化趋势，这是由于随着 v 的提高，切削温度升高、工件塑性变形减小，切削力减小、切削过程更加平稳，热源运动速度加快、传递给工件的热量作用不断减弱，表面粗糙度随之减小；当 v 进一步增加，切削温度上升过快，材料软化作用增强，刀具磨损加剧，部分微熔金属沿刀具磨损所造成的微细沟槽产生塑性流动，涂抹、黏附在已加工表面上，从而造成表面粗糙度增加；随着 a_p 的增加，已加工表面粗糙度无较大的变化趋势，这对提高 TC21 的切削效率非常有利。

5.2.3.2 金相显微组织分析

试样抛光完成后，使用 $2\%HF+4\%HNO_3+94\%H_2O$ 的腐蚀液对抛光表面进行腐蚀，腐蚀时间 15 s 左右。

图 5-12 所示为较低的刀具耐用度和合理的刀具耐用度对应的切削参数下的 TC21 金相显微组织。

在图 5-12(a)中，刀具耐用度 $T=4.5$ min，对应切削参数为：$v=100$ m/min、$a_p=0.6$ mm、$f=0.1$ mm/r，此切削参数下的切削温度较高，使得工件表层的塑性变形加剧，出现了片状 α 晶粒撕裂和沿进给方向上的扭曲现象。在图 5-12(b)中，刀具耐用度 $T=22$ min，对应切削参数为 $v=80$ m/min、$a_p=0.6$ mm、$f=0.1$ mm/r，此切削参数下的切削温度有所下降，工件表层的塑性变形减弱，在靠近已加工表面约 $10~\mu m$ 范围内出现晶粒细化和沿进给方向上的扭曲现象。图 5-12(c)对应切削参数为 $v=100$ m/min、$a_p=0.3$ mm、$f=0.1$ mm/r，刀具耐用度 $T=47$ min；图 5-12(d)对应切削参数为 $v=100$ m/min、$a_p=0.6$ mm、$f=0.05$ mm/r，刀具耐用度 $T=63$ min。由于切削力和切削温度的下降，工件表面的塑性变形减弱，在图 5-12(c)和(d)中未发现明显的晶粒变形情况。

5.2.3.3 加工硬化分析

钛合金 TC21 的基体显微硬度在 $340\sim370$ HV 范围内，硬度值相差 30 HV，这主要是 TC21 金相组织中各片状 α 晶粒和 β 晶粒轮廓的大小、长短和交错编织的程度不均匀所致。

图 5-13 中，在 $v=80$ m/min、$a_p=0.6$ mm、$f=0.1$ mm/r 切削参数下，

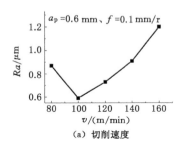

（a）切削速度

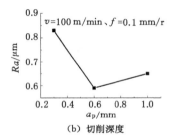

（b）切削深度

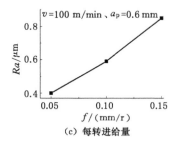

（c）每转进给量

图 5-11 TC21 钛合金车削时切削参数对表面粗糙度的影响

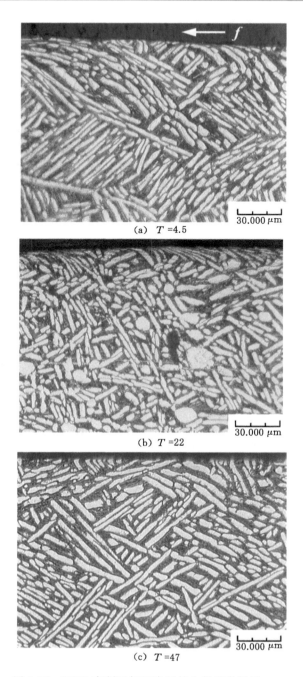

(a) $T = 4.5$

(b) $T = 22$

(c) $T = 47$

图 5-12 TC21 车削已加工表面的金相显微组织

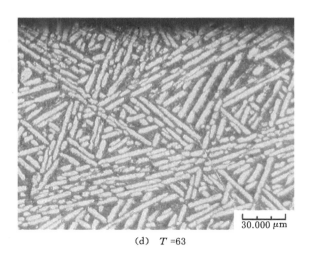

(d) $T=63$

图 5-12(续)

硬化层深度约为 30 μm,硬化层的显微硬度在 383~392 HV 范围内变化。

在 $v=100$ m/min、$a_p=0.3$ mm、$f=0.1$ mm/r 切削参数下,硬化层深度约为 20 μm,硬化层的显微硬度在 375~379 HV 范围内变化。这说明刀具耐用度越长,相应切削温度和切削力越低,工件塑性变形则越小,所以加工硬化越不明显。

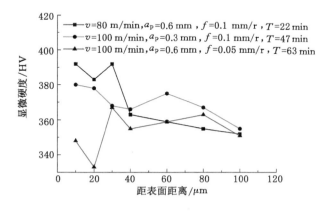

图 5-13　TC21 车削已加工表面的显微硬度

在 $v=100$ m/min、$a_p=0.6$ mm、$f=0.05$ mm/r 切削参数下,已加工表面显微硬度呈现出明显的"下降-上升-稳定"的变化趋势,即出现了软化效应[87]。加工软化层的出现是塑性变形引起的硬化效应小于切削热引起的软化效应的结果。在此切削参数下,虽然切削温度有所下降,但是由于每转进给量 f 的减小,造成热源运动速度减缓,向工件传热的时间增加,传递给加工表面的热量不断增加,由于表层组织受到刀具的挤压变形产生加工硬化,而远离表层则挤压变形作用减小,最终在约距离表层 $20~\mu m$ 深度处切削热起主导作用,表面硬度出现软化为 333 HV,即已加工表面显微硬度呈现"下降"趋势。由于 TC21 导热系数小、切削热难以向表层内部传递,同时塑性变形也难以再向表层内部扩展。这时,硬化和软化作用都将停止,硬度值趋于材料基体硬度,即已加工表面显微硬度呈现"上升-稳定"的变化趋势。

通过图 5-13 所示的不同深度的显微硬度值,可以判断刀具耐用度较合理的切削参数条件下加工硬化并不严重,这和已加工表层金相组织变化规律是一致的。

综上所述,车削 TC21 的推荐加工参数为:$v=80\sim100$ m/min、$a_p=0.3\sim0.6$ mm、$f=0.05\sim0.1$ mm/r。在推荐切削参数下切削 TC21,能够保证较好的加工表面质量。表面粗糙度 $Ra=0.4\sim0.87~\mu m$,表层金相组织未发现明显的晶粒变形情况,硬化层深度低于 $30~\mu m$,硬化程度小于 15%。

5.2.4 采用正交车铣改善 TC21 钛合金切削加工性的可行性分析

通过上述试验和分析可知,TC21 钛合金车削时,由于切削温度较高,造成刀具耐用度较低,远低于车削 TC4。只有降低切削参数,才能保证合适的刀具耐用度和加工表面质量,这严重制约了 TC21 钛合金的切削加工效率。

在切削温度方面,正交车铣断续切削的特点可以使刀具有充足的冷却时间。同时,正交车铣由于切削速度是由工件和刀具的旋转速度共同合成,因此工件不需要高速旋转也能实现高速切削。当采用高速车铣时,切屑带走热量较多。结合以上两个方面分析可知,正交车铣相对于车削的连续切削来说更有助于降低切削温度。

在切削力方面,由于正交车铣容易实现高速切削,切削力相对于车削下降明显。切削力减小意味着机床和刀具承受的载荷小,工件变形小。

在加工表面完整性方面,本书第 2 章研究结果表明,通过选择合适的切削参数,正交车铣的加工表面粗糙度值可以远小于车削。加工工件表层金相显微组织和显微硬度的变化和切削力、切削温度有着直接的关系,由于正交车铣切削力和切削温度都小于车削,因此正交车铣相对于车削更容易保证合格的金相显微组织和显微硬度。

通过切削力、切削温度和加工表面完整性三个方面的分析可知,正交车铣相对于车削具有降低切削力和切削温度、提高加工表面质量的优点。同时,结合本书第 2 章至第 4 章的研究基础,依次从保证合理加工表面精度和提高刀具耐用度的角度出发,优化了正交车铣的切削参数,这为正交车铣在 TC21 钛合金切削加工上的应用提供了理论基础。因此,采用正交车铣的加工方式对 TC21 钛合金进行切削加工,在保证良好的加工表面完整性的前提下,提高刀具耐用度在技术上是可行的。

鉴于此,后续将通过 TC21 钛合金的正交车铣切削试验,从切削温度、刀具耐用度和加工表面完整性三个方面与车削加工进行对比和分析,确定 TC21 钛合金的加工参数范围,验证正交车铣在以 TC21 钛合金为代表的高强韧性难加工材料上的加工优势。

5.3 TC21 钛合金正交车铣的切削加工性试验研究

5.3.1 正交车铣切削参数对切削温度的影响

研究切削参数对切削温度的影响,对于优化正交车铣切削参数具有重要意义。基于上述设计的正交车铣测温方案,采用单因素试验法,干式切削,研究正交车铣切削参数对切削温度的影响。当 $n_t = 2\ 000$ r/min、$n_w = 5$ r/min、$a_p = 1$ mm、$f_a = 4$ mm/r、$e = -8$ mm 时,正交车铣顺铣和逆铣的切削温度如图 5-14(a)所示。铣刀切入/切出工件过程中,正交车铣逆铣时的切削厚度由薄变厚,刀刃在切入工件处容易发生摩擦和挤压;而顺铣时铣刀切削厚度由厚变薄,刀刃在切入工件处的摩擦和挤压要小于逆铣,所以其切削温度要低于逆铣。鉴于此,后续试验都采用顺铣方式。同时,采用切削参数(切削速度 80 m/min、切削深度 0.6 mm、每转进给量 0.1 mm/r)进行车削,对应的材料去除率为 4.8 cm³/min,而正交车铣顺铣和逆铣的材料去除率为 5 cm³/min 时,切削温度均小于车削。结果表明,正交车铣断续切削有利于刀具冷却,在材料去除率大于车削的情况下仍可获得低于车削的切削温度。

当 $n_t=2\ 000$ r/min、$n_w=5$ r/min、$a_p=0.5$ mm、$f_a=4$ mm/r 时,正交车铣在不同偏心量下的切削温度如图 5-14(b)所示。偏心量 $e=-8$ mm 时,铣刀只有侧刃参与切削;$e=0$ mm 时,铣刀侧刃和底刃都参与切削;$e=8$ mm 时,铣刀底刃参与切削的程度大,侧刃参与切削的程度小。当正交车铣底刃参与切削时,越靠近铣刀中心,底刃刀刃点的线速度越低,刃口摩擦作用愈强,切削温度愈高。因此,试验结果表明偏心量 $e=8$ mm 时的切削温度最高,$e=-8$ mm 时的切削温度较低。鉴于此,后续试验都采用 $e=-8$ mm 的情况。

当 $n_w=5$ r/min、$a_p=0.5$ mm、$f_a=4$ mm/r、$e=-8$ mm 时,正交车铣在不同铣刀转速下的切削温度如图 5-14(c)所示。铣刀转速增加,一方面会使切削速度提高,导致摩擦效应增强,造成切削热上升;另一方面会使转速比($\lambda=n_t/n_w$)增大,从而减小切屑体积,导致切削热下降[9]。二者综合作用导致切削温度上升趋势较缓。

当 $n_t=2\ 000$ r/min、$a_p=0.5$ mm、$f_a=4$ mm/r、$e=-8$ mm 时,正交车铣在不同工件转速下的切削温度如图 5-14(d)所示。工件转速增加,一方面会使切削速度提高,导致摩擦效应增强,造成切削热上升;另一方面会使转速比减小,从而增大切屑体积,导致切削热上升。二者综合作用导致切削温度急剧上升。

当 $n_t=2\ 000$ r/min、$n_w=5$ r/min、$f_a=4$ mm/r、$e=-8$ mm 时,正交车铣在不同切削深度下的切削温度如图 5-14(e)所示。切削深度增大,切屑体积随之增大,导致切削热上升,造成切削热急剧上升。

当 $n_t=2\ 000$ r/min、$n_w=5$ r/min、$a_p=0.5$ mm、$e=-8$ mm 时,轴向进给量对切削温度的影响和切削深度的类似,如图 5-14(f)所示。

5.3.2 TC21 钛合金正交车铣的刀具耐用度和刀具损伤机理分析

5.3.2.1 切削参数的影响

通过单因素法重点分析铣削方式、偏心量、铣刀转速、工件转速、轴向进

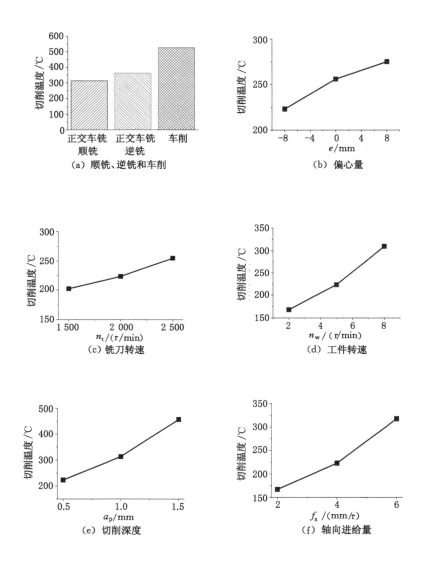

图 5-14　正交车铣切削参数对切削温度的影响

给量等参数对刀具耐用度的影响规律,为 TC21 钛合金正交车铣切削参数范围的确定提供理论和试验依据。判断刀具的磨钝或失效标准是后刀面平均磨损量 VB 达到 0.2 mm,后刀面最大磨损量达到 0.4 mm。

（1）铣削方式的影响

TC21 钛合金正交车铣顺铣和逆铣加工时的刀具磨损量 VB 随切削时间变化的曲线如图 5-15(a)所示,顺铣和逆铣的切削层几何形状如图 5-15(b)和(c)所示。由图可知,正交车铣顺铣的刀具耐用度高于逆铣。这是由于正交车铣逆铣时,切削厚度由薄变厚,会使得切削刃在切入工件时挤压及摩擦加剧,导致钛合金容易粘结在刀刃上,在断续切削过程中,粘结的刀刃在冲击力的不断作用下,最终使得刀具磨损加剧。顺铣时,切削厚度由厚变薄,对刀具有利,有利于减缓刀具磨损,所以,正交车铣时应选择顺铣。

（2）偏心量的影响

由第 3 章的分析可知,偏心量 e 的大小和方向变化会使得切屑形状产生很大变化,从而影响刀具耐用度。如图 5-16(a)所示,当偏心量 $e=0$ 时,切削层属于 $D_y \leqslant A_y < B_y$ 情况,铣刀底刃和侧刃都参与切削,切削层在切厚和切深方向上的变化程度都很大,故刀刃刀尖处承受的机械冲击最大,刀具耐用度最低。当偏心量 $e=8$ mm 时,切削层属于 $A_y < D_y$ 情况,铣刀底刃起主要切削作用,切削层在切深方向上的变化程度减小,故刀尖处承受的机械冲击减小,刀具磨损速率下降,刀具耐用度有所延长。当偏心量 $e=-8$ mm 时,切削层属于 $A_y \geqslant B_y$ 情况,铣刀侧刃起主要切削作用,切削层只在切厚方向上变化,相对于前两者铣刀所受切削力和机械冲击最小,所以刀具耐用度最长。因此,在 TC21 钛合金正交车铣后续的试验中,选择铣刀偏心量 $e=-8$ mm。

（3）铣刀转速的影响

铣刀转速为 $n_t=1\ 500$ r/min、2 000 r/min 和 2 500 r/min 时,VB 随切削时间的变化曲线如图 5-16(b)所示。铣刀转速 n_t 为 1 500 r/min、2 000 r/min和2 500 r/min 时,对应的刀具耐用度分别为 43 min、39 min 和 33 min,即随着铣刀转速的提高,正交车铣的刀具耐用度呈逐渐降低的趋势。

工件转速不变的情况下,增大铣刀转速意味着转速比 λ 增大,此时切削厚度变薄,切削力是减小的。同时,由 4.1.4.2 小节可知,切削力在切入角

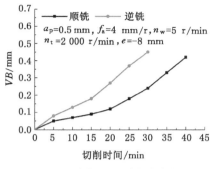

（a）正交车铣刀具磨损变化曲线

（b）顺铣切削层几何形状

（c）逆铣切削层几何形状

图 5-15　铣削方式对正交车铣刀具磨损的影响（$r_w=40$ mm、$r_t=10$ mm、$Z=1$）

之后上升到切削力最大值的速率增加，从最大值下降到切出角的速率减小，这意味着机械冲击减小。从切削力和机械冲击的角度来说，刀具耐用度应该是提高的。但由于铣刀转速提高使得切削温度上升，从而造成刀具磨损加剧。综合以上原因，铣刀转速提高使得切削力和机械冲击减小、切削温度上升，二者综合作用使得刀具耐用度下降幅度不大。

（4）工件转速的影响

工件转速为 $n_w=2$ r/min、5 r/min 和 8 r/min 时，VB 随时间变化的曲线如图 5-16（c）所示。工件转速为 $n_w=2$ r/min、5 r/min 和 8 r/min 时的刀具耐用度分别为 88 min、39 min 和 27 min，即随着工件转速提高，正交车铣刀具耐用度显著降低。

由 4.1.4.2 节分析可知，当铣刀转速一定时，首先，随着工件转速的增

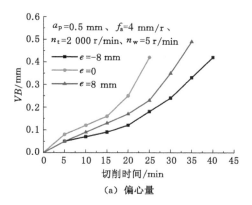

（a）偏心量

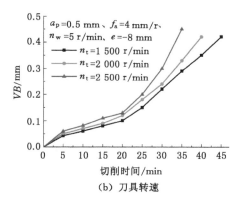

（b）刀具转速

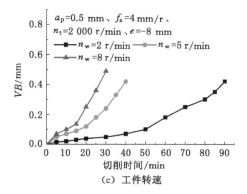

（c）工件转速

图 5-16　TC21 正交车铣时切削参数对刀具磨损的影响

（r_w＝40 mm、r_t＝10 mm、Z＝1）

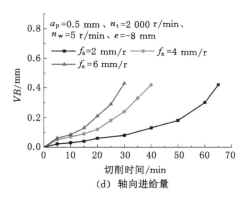

（d）轴向进给量

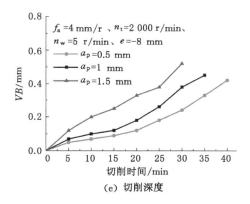

（e）切削深度

图 5-16（续）

加,转速比 λ 是减小的,这意味着切削厚度变厚,切削力增加。其次,铣刀切入工件后切削力上升到最大值的速率增加,这意味着机械冲击增大,会加剧刀具发生崩刃或涂层剥落的风险。切削力的增加使得刀尖圆角处的应力急剧增加,造成刀尖圆角处更加容易破损。

（5）轴向进给量的影响

轴向进给量 f_a 对 VB 的影响如图 5-16（d）所示,轴向进给量 $f_a =$ 2 mm/r,4 mm/r 和 6 mm/r 时的刀具耐用度分别为 64 min、39 min 和 29 min,即随着轴向进给量的提高,正交车铣刀具耐用度呈逐渐降低的趋势,其原因和工件转速的影响类似。

（6）切削深度的影响

切削深度为 $a_p=0.5$ mm、1 mm 和 1.5 mm 时,VB 随切削时间的变化曲线如图 5-16(e)所示,对应的刀具耐用度分别为 39 min、32 min 和 26 min,即随着切削深度的增加,TC21 钛合金正交车铣的刀具耐用度呈逐渐降低的趋势。

由 4.1.4.2 节分析可知,切削深度增加时,切削力增大,但铣刀侧刃的切入/切出角变化不明显,同时,各切削分力的上升和下降的变化趋势并无明显变化,这说明机械冲击增加的幅度小于切削力的增加。但由于切削深度增加,切削温度上升较快,所以刀具磨损有所加剧。考虑到半精加工和精加工的实际情况,TC21 钛合金正交车铣时切削深度 a_p 取 0.5～1 mm。

上述的试验和分析结果表明,正交车铣 TC21 钛合金时,适合采用顺铣和负方向偏心量,采用 TiAlN 涂层硬质合金刀片,刀齿数为 1,在取定值偏心量 $e=-8$ mm 的前提下,合适的加工参数范围为:铣刀转速 $n_t=1\ 500～2\ 500$ r/min、工件转速 $n_w=2～5$ r/min、轴向进给量 $f_a=2～4$ mm/r、切削深度 $a_p=0.5～1$ mm,对应的刀具耐用度 T 的范围为 32～91 min。

5.3.2.2　TC21 钛合金正交车铣的刀具损伤过程

TC21 钛合金正交车铣时,铣刀在磨损初期,其后刀面磨损带较为均匀,没有明显的涂层剥落及崩刃的现象出现,如图 5-17(a)所示。随着切削过程的进行,由于铣刀刀尖处应力最为集中,所以铣刀刀尖处在机械冲击的不断作用下最先发生崩刃,如图 5-17(b)所示。崩刃破坏了铣刀的涂层性能,同时使得切削力和机械冲击增大,导致铣刀刀尖处的崩刃不断扩大,变成切削刃上的大块碎断,并从前刀面过渡到后刀面,如图 5-17(c)所示。

5.3.2.3　TC21 钛合金正交车铣的刀具损伤机理分析

本试验使用扫描电子显微镜(SEM)对 TC21 正交车铣损伤后的刀片进行微观形态的分析。采用能谱仪(EDS)对局部损伤特征明显处进行化学成分分析,以探索 TiAlN 涂层刀具在正交车铣 TC21 钛合金时的刀具损伤机理。

图 5-18 所示为 TC21 钛合金正交车铣时刀片在后刀面崩刃处刀具损伤的微观形态,从图中可以发现平行于切削刃的裂纹,未发现垂直于切削刃的裂纹。铣刀损伤后,铣刀的基体材料为硬质合金,由硬质合金刀具磨损及破损的相关研究可知:机械冲击引发的平行于切削刃的裂纹为机械疲劳裂纹;

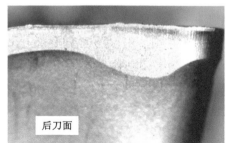

（a） 切削时间17 min，后刀面磨损量0.1 mm（20×）

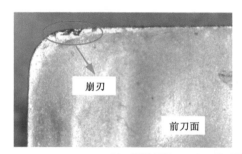

（b） 切削时间24 min，后刀面磨损量0.17 mm（20×）

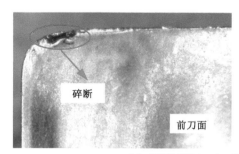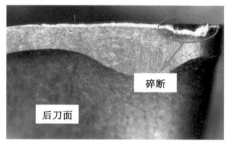

（c） 切削时间32 min，后刀面磨损量0.28 mm（20×）

图 5-17　TC21 正交车铣时切削参数对刀具磨损的影响（$n_t = 2\,000$ r/min、$n_w = 5$ r/min、

$f_a = 4$ mm/r、$e = -8$ mm、$a_p = 0.5$ mm）

热冲击引发的垂直于切削刃的裂纹为热裂纹。因此,以上结果表明,TC21
钛合金正交车铣相对于车削来说切削温度是较低的,不会产生热冲击从而
造成热裂纹。

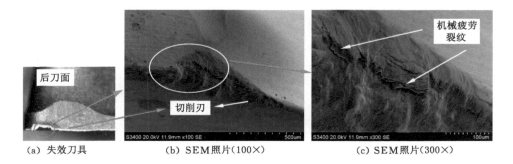

图 5-18 TC21 钛合金正交车铣后刀面失效处的 SEM 照片

通过图 5-17 的分析可知,铣刀前刀面的破损程度要高于后刀面。为探
明其原因,铣刀前刀面刀尖处的失效状态用扫描电镜观测以分析铣刀前刀
面的损伤机理,如图 5-19 所示。由于前刀面是切屑流出的表面,所以在高温
高压的作用下,前刀面的粘结磨损程度要远高于后刀面。粘结磨损的存在
降低了刀具表层的力学性能,在正交车铣过程中由于巨大的冲击,使得粘结
点产生破裂或撕裂,从而被工件材料带走,进一步加剧了刀具的磨损。
图 5-19 中,在铣刀前刀面发现粘结物和材料撕裂,表明前刀面存在严重的粘
结磨损。

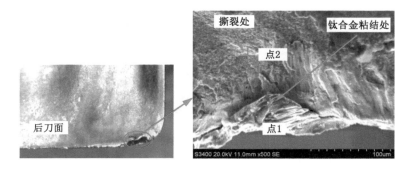

图 5-19 TC21 钛合金正交车铣前刀面粘结处的 SEM 照片

为了进一步探索铣刀正交车铣的损伤机理,在图 5-19 中的钛合金粘结处和撕裂处分别取点 1 和点 2 做元素能谱分析。由图 5-20 和表 5-5 可知,粘结处(点 1)主要元素为 Ti,验证了此粘结物为 TC21 钛合金。

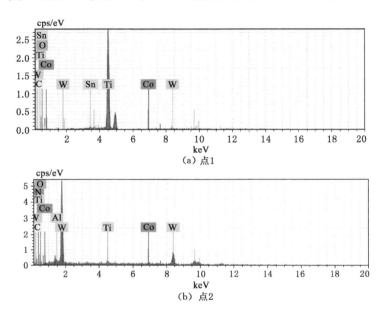

图 5-20　粘结处(点 1)和撕裂处(点 2)的元素能谱分析曲线

表 5-5　粘结处(点 1)和撕裂处(点 2)的化学元素成分

	质量百分比/(wt%)					
点 1	Ti	O	Sn	W	C	Co
	93.28	2.45	1.67	1.43	1.04	0.13
点 2	W	C	Co	O	Ti	N	Al
	71.44	16.41	2.08	7.89	1.02	0.77	0.40
	原子数百分含量/(at%)					
点 1	Ti	O	Sn	W	C	Co
	88.06	6.93	0.63	0.35	3.92	0.10
点 2	W	C	Co	O	Ti	N	Al
	16.37	57.54	1.49	20.76	0.90	2.32	0.62

粘结磨损一般都伴随扩散磨损和氧化磨损。图 5-20 和表 5-5 为点 1 和

点 2 的化学元素成分,从中可以看出,刀具表面含有 C、O、Ti 等元素。在正交车铣 TC21 钛合金时,由于工件与刀具接触表面的温度较高,且断续切削导致温度梯度大。在钛合金粘结和温度梯度的综合作用下,刀具将产生扩散磨损。工件材料中的 Ti、Mo 等元素会产生向 TiAlN 涂层中扩散的趋势,由于钛的化学活性很高,易与刀具材料中的 C 元素发生反应,形成 TiC 层粘附在刀具表面,随着切削过程的继续,由于工件与刀具之间的机械(力)作用,粘附在刀具表面的 TiC 层会被去除掉,进而开始新一轮的扩散。由于 TiAlN 涂层中的 C 元素含量很低,所以这种扩散磨损对刀具磨损的影响很小。

当 TiAlN 涂层完全磨损后,刀具的硬质合金基体参加切削,这时候扩散磨损的影响程度变大。一方面,粘结在刀具上的钛合金中的 Ti、Al 和 V 等元素向刀具中扩散,由于 Ti 的化学活性高,很容易与刀具中的 C 反应,形成粘结的 TiC 层。在摩擦和冲击作用下,TiC 粘结层脱落,同时带走一部分刀具材料,而在新产生的刀具表面上又会产生新的扩散。另一方面,刀具中的 C 向高温区扩散,Co 向低温区扩散,在刀具和工件的接触面上形成富 C 贫 Co 区,由于 Co 是 WC(硬质合金增强相)颗粒的粘结相,贫 Co 造成 WC 颗粒间的粘结强度下降,表层脆化,从而引起 WC 颗粒脱落[89]。

如图 5-20 和表 5-5 所示,粘结处有一定含量的元素 O 存在,说明有氧化作用的存在。正交车铣 TC21 钛合金时,TiAlN 涂层会产生氧化反应,形成外层是 Al_2O_3,内层是 TiO_2 的结构,Al_2O_3 的形成能够很好地阻止氧向内层涂层扩散。由于高温下的氧化及涂层与基体的线膨胀系数不同而引起的应力会使涂层开裂和剥落。同时,氧化时间的增加,硬度会大幅下降,一方面是由于表面氧化,氧化物的硬度较低,另一方面是由于沉积态的涂层中有残余应力,残余应力与涂层的硬度成正比,在高温下应力得到释放,硬度降低[90]。两者综合的氧化磨损作用会加剧 TiAlN 涂层的性能下降。

随着刀具磨损量的增大,切削力和切削温度进一步提高,更高的压力和温度会使得材料和刀具发生更加严重的粘结现象。在剧烈的机械冲击作用下,粘结在刀具表层的钛合金材料会被撕裂,如图 5-19 所示,撕裂处的能谱分析如图 5-20 和表 5-5 所示,此处的主要元素为 C、W 和 Co,Ti 元素的含量很少,证明了此处为刀具由于粘结被撕裂后裸露出刀具基体的硬质合金材料。同时,更高的压力和温度也会使扩散磨损和氧化磨损愈加严重,加快刀具磨损的进度。

综上所述,TiAlN 涂层刀具正交车铣 TC21 钛合金时,在粘结磨损、扩散磨损和氧化磨损的共同作用下,在剧烈的机械冲击下,刀具损伤愈来愈严重,最终导致刀具的失效。

5.3.3 TC21 钛合金正交车铣的已加工表面完整性分析

5.3.3.1 表面粗糙度分析

正交车铣实际加工时,刀齿数 Z 取 3,沿工件轴向进行表面粗糙度测量试验,各切削参数对正交车铣加工表面粗糙度的影响结果如图 5-21 所示。

偏心量 e 取负值－8 mm、－4 mm 和 0,随着 e 绝对值的增大,工件表面粗糙度 Ra 呈现逐渐减小的趋势,如图 5-21(a)所示。主要原因是:一方面,由于随着 e 的增加,铣刀在工件表面的刀痕方向与 x_w 轴的夹角愈来愈大,造成刀痕在工件表面轴向形成的波长减小(详见 2.3.4 小节),从而降低了表面粗糙度值。另一方面,e 的增加会降低切削力和切削力的波动(详见 4.1.4.2 小节),切削振动减小,表面粗糙度也会下降。

在铣刀转速 n_t＝2 000 r/min 的条件下,工件转速 n_w 分别取 2 r/min、5 r/min 和 8 r/min,则对应的转速比 λ 分别为 1 000、400 和 250,相应的表面粗糙度 Ra 分别为 0.12 μm、0.27 μm 和 0.53 μm,这表明随着 λ 的增加,Ra 呈明显下降趋势,如图 5-21(b)所示。由 2.3.4 节分析可知,λ 增加,正交车铣加工表面微观形貌愈加平坦,表面纹理更加细密,故 Ra 下降。同时,由 4.1.4.2 节分析可知,λ 增加,切削厚度减小,切削力减小,切削振动减小,Ra 也会下降。

轴向进给量 f_a 增加,Ra 呈缓慢增大趋势,如图 5-21(c)所示。由 2.3.4 小节分析可知,偏心量 e 不为 0 时,f_a 增加,使得单位面积上的刀痕数量减小,造成刀痕在工件表面轴向形成的波长增长,会造成 Ra 小幅增大。f_a 增加造成 Ra 增大的主要原因还是 Ra 增加导致切削力增大,进而导致切削振动增大,Ra 随之增大。

上述的试验和分析结果表明,正交车铣 TC21 钛合金时,铣刀转速 n_t＝2 000 r/min、工件转速 n_w＝2～8 r/min、轴向进给量 f_a＝2～6 mm/r、切削

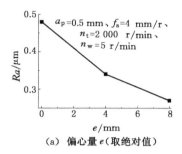

（a） 偏心量 e（取绝对值）

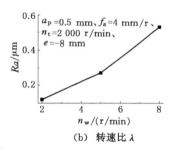

（b） 转速比 λ

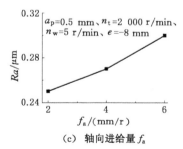

（c） 轴向进给量 f_a

图 5-21　TC21 正交车铣时切削参数对表面粗糙度的影响

深度 $a_p = 0.5$ mm、$e = -8 \sim 0$ mm 时,对应的表面粗糙度 $Ra = 0.12 \sim 0.53$ μm。车削 TC21 钛合金时,推荐加工参数下能达到的表面粗糙度 $Ra = 0.4 \sim 0.87$ μm。虽然相应车削参数对应的材料去除率和正交车铣并不完全一样,但是通过增加转速比和刀齿数,正交车铣更容易得到低于车削的加工表面粗糙度。

5.3.3.2 金相显微组织分析

选取较低和较长的刀具耐用度 T 对应的切削参数,以充分考察切削参数对 TC21 钛合金正交车铣的已加工表面金相显微组织的影响,如图 5-22 所示。

由于在 TC21 钛合金正交车铣的加工过程中,与车削相比,断续切削有利于降低切削温度和切削力,因此在不同切削参数下的 TC21 钛合金正交车铣加工表层的金相显微组织未发现明显的晶粒被拉伸、再结晶和撕裂等现象,如图 5-22(a)~(d)所示。TC21 钛合金正交车铣在工件半径 $r_w = 40$ mm、刀具半径 $r_t = 10$ mm 的前提下,采用顺铣的加工方式,可见在所选取的加工参数范围内,正交车铣对加工表层金相组织的影响不大。由此可见,TC21 钛合金正交车铣可获得优于车削的表层质量。

5.3.3.3 加工硬化分析

TC21 钛合金正交车铣在工件半径 $r_w = 40$ mm、刀具半径 $r_t = 10$ mm 的前提下,采用顺铣的加工方式,不同切削参数条件下的表层显微硬度的分布情况如图 5-23 所示。试验所用的 TC21 材料其基体硬度大致在 $340 \sim 370$ HV 范围内波动。试验结果表明,TC21 钛合金正交车铣的加工表层显微硬度基本都在基体的硬度范围内,未发现明显加工硬化。这是由于,首先在 TC21 钛合金正交车铣的加工过程中,切削温度相对较低,对加工表面无软化作用;其次在此加工过程中,切削力也相对较小,晶粒发生位错和滑移的可能性相对较小,钛合金材料的塑性变形也较小,因此加工硬化也不明显,这与 TC21 钛合金正交车铣表层金相显微组织研究的结果相一致。与 5.2.3 节 TC21 钛合金车削出现的加工硬化现象相比,正交车铣在减小 TC21 钛合金加工硬化方面具有明显优势。

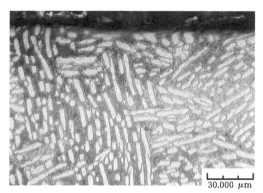

(a) a_p=0.5 mm、n_t=2 000 r/min、n_w=8 r/min、

e=−8 mm、f_a=4 mm/r、Z=1、T=27 min

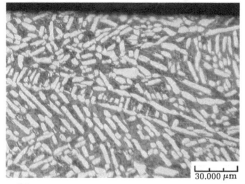

(b) a_p=0.5 mm、n_t=2 500 r/min、n_w=5 r/min、

e=−8 mm、f_a=4 mm/r，　T=33 min

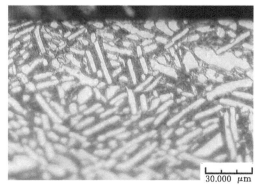

(c) a_p=0.5 mm、n_t=2 000 r/min、n_w=2 r/min、

e=−8 mm、f_a=4 mm/r，T=88 min

图 5-22　TC21 正交车铣已加工表面的金相显微组织

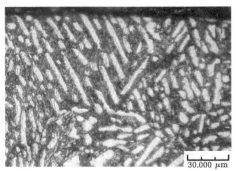

(d) a_p=0.5 mm、n_t=2 000 r/min、n_w=5 r/min、
e=−8 mm、f_a=2 mm/r，T=64 min

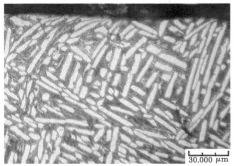

(e) a_p=1 mm、n_t=2 000 r/min、n_w=5 r/min、e=−8 mm、
f_a=4 mm/r、Z=3，T=79 min，Q=5 cm³/min

图 5-22（续）

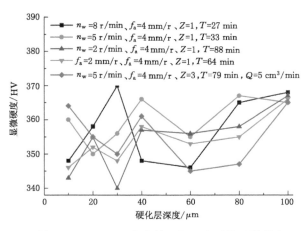

图 5-23　TC21 正交车铣已加工表面的显微硬度

5.4　本章小结

（1）TC21 相对于 TC4,具有更高的强度、冲击韧性,提高了材料的变形抗力。同时,TC21 的高硬度加剧了刀具的磨损,高的断面收缩率和延伸率表明 TC21 材料的塑性下降、增加了刀尖处的切削载荷,低的导热率增加了切削温度。金相组织方面,相对于 TC4,TC21 具有使切屑产生滑移路径曲折和分枝特性的网篮结构的组织形态,故 TC21 的切削力要远大于 TC4。因此,TC21 的切削力和切削温度大于 TC4,其切削加工性逊于 TC4。

（2）试验和分析了切削参数对 TC21 正交车铣切削温度的影响规律,结果表明:正交车铣时,顺铣、负偏心量有利于降低切削温度,铣刀转速对切削温度影响不明显,工件转速、切削深度和轴向进给量增大切削温度显著上升。此外,正交车铣刀具破损主因是机械冲击,正交车铣可有效降低切削热和切削温度,使得热冲击导致的热裂纹无法成为刀具破损的主因。

（3）试验和分析了切削参数对 TC21 正交车铣的刀具耐用度的影响规律,结果表明:正交车铣应选择顺铣和负方向的偏心量。其他切削参数中,工件转速对刀具耐用度的影响最大,轴向进给量的影响次之,铣刀转速和切削深度对刀具耐用度的影响较小。因此,正交车铣时应选择较小的工作转速,为提高加工效率可增大切削深度和适当增加轴向进给量,为提高加工表面质量可增加铣刀转速。

（4）TC21 车削和正交车铣切削加工性试验结果如下:

车削 TC21 的推荐加工参数为:$v=80\sim100$ m/min、$a_p=0.3\sim0.6$ mm、$f=0.05\sim0.1$ mm/r。对应的刀具耐用度 $T=22\sim63$ min,材料去除率 $Q=1.2\sim6$ cm^3/min,表面粗糙度 $Ra=0.4\sim0.87$ μm。

正交车铣 TC21 的推荐加工参数为:适合采用顺铣和负方向偏心量,在取单齿和定值偏心量 $e=-8$ mm 的前提下,合适的加工参数范围为:铣刀转速 $n_t=1\,500\sim2\,500$ r/min、工件转速 $n_w=2\sim5$ r/min、轴向进给量 $f_a=2\sim4$ mm/r、切削深度 $a_p=0.5\sim1$ mm,对应的刀具耐用度 $T=40\sim91$ min,材料去除率 $Q=0.5\sim5$ cm^3/min,表面粗糙度 $Ra=0.12\sim0.53$ μm。

对于 TC21 加工来说,与车削相比,采用正交车铣的加工方式,由于其切削力和切削温度低于车削,所以在采用相同的 TiAlN 涂层硬质合金刀具的情况下,刀具耐用度仍明显高于车削。

在推荐切削参数下切削 TC21,车削的表面粗糙度 $Ra=0.4\sim0.87\ \mu\mathrm{m}$,表层金相组织未发现明显的晶粒变形情况,硬化层深度低于 $30\ \mu\mathrm{m}$,硬化程度小于 15%。正交车铣可获得优于车削的表层质量,即:表面粗糙度 $Ra=0.12\sim0.53\ \mu\mathrm{m}$,已加工表面金相组织中没有发现明显的晶粒变形情况,已加工表面未发现明显的加工硬化现象。

6   总结与展望

6.1   结论

本书对正交车铣运动学和动力学关键技术进行研究，掌握了正交车铣加工表面形貌变化规律及表面粗糙度预测的理论与方法，建立了车铣不同切削层几何形状数学模型及相应的切削力数学模型，确定了车铣颤振稳定性模型和绘制稳定性叶瓣图。基于上述研究，优化了正交车铣的切削参数，并以难加工材料 TC21 钛合金为加工试验对象，以加工效率、刀具耐用度和加工表面完整性为性能指标，和车削试验进行对比，分析和验证了正交车铣在以 TC21 钛合金为代表的高强韧性难加工材料上的加工优势。本书主要的工作及结论如下：

（1）建立了正交车铣最大轴向进给量 f_{amax} 和正交车铣加工表面圆度 o 的解析模型。同时，基于转速比 λ 为整数和非整数时不同的铣刀切削轨迹，建立了正交车铣加工表面宏观形貌仿真的算法，分析了不同切削参数对加工表面宏观形貌的影响规律。最后，根据坐标位置变换矩阵，建立了工件坐标系下铣刀底刃任意点 P 的解析模型，基于该解析模型，通过工件局部表面划分网格，刀刃数、刀具半径和时间离散、计算 P 点坐标、P 点到工件圆心的径向长度 r_p 和残留高度 $r_p - r_w + a_p$ 等步骤，建立了正交车铣加工表面微观形貌仿真的算法，通过试验验证了该算法的可行性，分析了不同切削参数对加工表面微观形貌的影响规律。以上研究为明确正交车铣加工表面形貌、提高表面粗糙度和表面质量提供了切削参数优化的理论依据。

研究结果表明：在工件半径 $r_w = 40$ mm、铣刀转速 $n_t = 2\ 000$ r/min、偏心量 $e = -8 \sim 0$ mm、$a_p = 0.5 \sim 2$ mm 的条件下，当正交车铣的切削参数为铣刀齿数 $Z = 1 \sim 3$、工件转速 $n_w = 2 \sim 8$ r/min、$f_a = 2 \sim 6$ mm/r 时，正交车铣加工表面的仿真粗糙度值为 $0.15 \sim 2.92$ μm。

（2）根据正交车铣的运动规律，结合 NX 8.5 软件提出了一种新的正交车铣切削层几何形状的仿真方法，定性分析了正交车铣切削层的变化规律。在此基础上，提出了正交车铣三种切削层几何形状（即 $A_y \geqslant B_y$、$D_y \leqslant A_y < B_y$ 和 $A_y < D_y$）的判断方法，分析正交车铣不同切削层几何形状类型条件下切削层的形成过程，并建立相应的解析模型，包括铣刀切削产生切削层的角度范围即铣刀侧刃和底刃的切入/切出角度建模、铣刀旋转到瞬时接触角 φ_i 时侧刃的切削厚度/切削深度建模、底刃的切削厚度/切削深度建模等，并通过试验验证了其解析模型的正确性，为正交车铣切削层几何形状的变化提供了定量分析依据。该研究为正交车铣切削力的仿真提供了理论基础。

（3）基于正交车铣切削层几何形状的解析模型，根据 Altintas 方法建立正交车铣切削力解析模型和仿真算法，通过试验验证该算法的正确性，分析了不同切削层几何形状和切削参数对切削力的影响规律。以再生型颤振理论为基础，建立刚性工件-柔性刀具的正交车铣动力学模型，通过基于欧拉法的完全离散算法求解和绘制正交车铣加工的稳定性图，试验验证该模型的正确性，分析轴向进给量对正交车铣加工稳定性的影响。以上研究为减小切削力和切削冲击，避免颤振，提高刀具耐用度和加工表面质量，提供了正交车铣切削参数优化的理论依据。

研究结果表明：在保证合理加工表面粗糙度以及降低切削力、提高刀具耐用度的情况下，进一步优化正交车铣的切削参数为：加工工件半径 $r_w = 40$ mm 时，铣刀转速 $n_t = 1\ 500 \sim 2\ 500$ r/min、工件转速 $n_w = 2 \sim 8$ r/min、偏心量 $e = -8 \sim -5$ mm、进给量 $f_a = 2 \sim 6$ mm/r、切削深度 $a_p = 0.5 \sim 1.5$ mm、铣刀齿数 $Z = 1 \sim 3$，在此切削参数下加工 TC21 钛合金不会产生颤振。

（4）试验和分析了切削参数对 TC21 钛合金正交车铣切削温度和刀具耐用度的影响规律，确定了正交车铣 TC21 钛合金合理刀具耐用度的切削参数范围，进行了 TC21 钛合金车削和正交车铣切削加工性的试验研究。研究为建立 TC21 损伤容限型钛合金车铣加工工艺规范、为以 TC21 钛合金为代表的难加工材料的切削加工提供新的技术方案和为提高此类钛合金的加工工艺水平提供了理论依据。研究结果表明：

① 正交车铣时，为提高刀具耐用度应选择顺铣以及较小的工作转速和较大的负方向偏心距，为提高加工效率可适当增大切削深度和轴向进给量，为提高加工表面质量可增加铣刀转速和刀齿数。正交车铣 TC21 钛合金的推荐加工参数为：适合采用顺铣和负方向偏心量，在取单齿和定值偏心量 $e=-8$ mm 的前提下，合适的加工参数范围为：铣刀转速 $n_t=1\,500\sim2\,500$ r/min、工件转速 $n_w=2\sim5$ r/min、轴向进给量 $f_a=2\sim4$ mm/r、切削深度 $a_p=0.5\sim1$ mm，对应的刀具耐用度 $T=40\sim91$ min，材料去除率 $Q=0.5\sim5$ cm³/min，表面粗糙度 $Ra=0.12\sim0.53$ μm。

② 与车削 TC21 钛合金相比，采用正交车铣的加工方式，在使用相同的 TiAlN 涂层硬质合金刀具以及高于车削的材料去除率的情况下，切削温度低于车削，刀具耐用度仍明显高于车削。正交车铣刀具破损的主要原因是机械冲击，正交车铣可有效降低切削热和切削温度，使得热冲击导致的热裂纹无法成为刀具破损的主因。

③ 在推荐切削参数下切削 TC21 钛合金，车削的表面粗糙度 $Ra=0.4\sim0.87$ μm，表层金相组织未发现明显的晶粒变形情况，硬化层深度低于 30 μm，硬化程度小于 15%。正交车铣在材料去除率大于车削的情况下，仍可获得优于车削的表层质量，即：表面粗糙度 $Ra=0.12\sim0.53$ μm，已加工表面金相组织中没有发现明显的晶粒变形情况，已加工表面未发现明显的加工硬化现象。

6.2 创新点

（1）提出从正交车铣宏观和微观形貌两个方面对车铣加工表面形貌进行综合表征的理论方法，为全面预测车铣加工表面形貌和粗糙度的变化规律，从而提高加工精度提供理论依据。

（2）提出一种正交车铣切削层几何形状的仿真方法，建立车铣切削层几何形状的归纳方法和解析模型,为全面预测切削力的变化规律和建立车铣加工动力学模型提供理论基础。

(3)提出一种基于欧拉法的完全离散算法求解正交车铣加工动力学模型,解决解析法不适用于正交车铣加工的实际情况、时域法和半离散算法的计算效率低下以及全离散算法的离散化不彻底性的问题,为避免颤振、提高刀具耐用度和加工表面质量提供理论依据。

6.3 展望

本书在进行正交车铣表面形貌、切削层几何形状仿真与建模、切削力及加工稳定性仿真等内容研究的基础上,对 TC21 钛合金正交车铣的切削加工性进行了分析。但由于时间等因素的限制,尚有以下工作需进行更深入研究:

(1)为简化解析建模的难度和复杂度,本书的正交车铣切削层几何形状的解析建模是假设刀具锋利刃口,即假设刀尖圆角为零。对于较大直径的回转类零件的加工来说,这种假设对于后续切削力仿真的影响不大。但是对于细长轴类零件的加工,由于切削深度很小,刀尖圆角对切削层形状的影响较大,并对切削力产生显著影响,因此需要考虑刀尖圆弧的影响,还需进行更深入的研究。

(2)首先,本书切削力的验证是在加工中心上进行的,只能满足无偏心距正交车铣的试验验证,同时标定的切削力系数存在一定偏差。其次,正交车铣的加工颤振试验在车铣复合加工中心上完成,由于试验设备条件的限制,没有测试颤振时切削力或者加速度的频谱,后续试验条件如果允许,可使用旋转测力仪在车铣复合加工中心上验证。

(3)本书未对正交车铣的切削温度进行研究,对于一些难加工材料来说,切削温度对其加工耐用度的影响很大,因此后续需要进一步研究,并结合切削力对正交车铣的刀具耐用度进行分析和预测。

(4)本书加工稳定性研究未考虑加工对象的结构特性,如薄壁件、细长轴等弱刚性结构件,下一步可开展此类弱刚性结构件的研究。

（5）本书只涉及正交车铣精加工，正交车铣也可用于大型回转类零件的粗加工，此时需要使用圆刀片，后续可开展相关的动力学研究，优化切削参数，提高加工效率和刀具耐用度。

参 考 文 献

［1］ KARAGUZEL U,BAKKAL M,BUDAK E. Mechanical and thermal modeling of orthogonal turn-milling operation［J］. Procedia CIRP, 2017,58:287-292.

［2］ PENG F Y,LIU Y Z,LIN S,et al. An investigation of workpiece temperature in orthogonal turn-milling compound machining［J］. Journal of manufacturing science and engineering,2015,137(1):1-10.

［3］ SUN T,QIN L F,HOU J M,et al. Machinability of damage-tolerant titanium alloy in orthogonal turn-milling［J］. Frontiers of mechanical engineering,2020,15(3):504-515.

［4］ COMAK A,ALTINTAS Y. Mechanics of turn-milling operations［J］. International journal of machine tools and manufacture,2017,121:2-9.

［5］ HERTEL M,DIX M,PUTZ M. Analytic model of process forces for orthogonal turn-milling［J］. Production engineering,2018,12(3/4):491-500.

［6］ RATNAM C,VIKRAM K A,BEN B S,et al. Process monitoring and effects of process parameters on responses in turn-milling operations based on SN ratio and ANOVA［J］. Measurement,2016,94:221-232.

［7］ SUN T,QIN L F,FU Y C,et al. Chatter stability of orthogonal turn-milling analyzed by complete discretization method［J］. Precision engineering,2019,56:87-95.

［8］ SCHULZ H,SPUR G. High speed turn-milling:a new precision manufacturing technology for the machining of rotationally symmetrical workpieces[J]. CIRP annals,1990,39(1):107-109.

[9] SCHULZ H,KNEISEL T. Turn-milling of hardened steel:an alterna-tive to turning[J]. CIRP annals,1994,43(1):93-96.

[10] 黄树涛,贾春德,姜增辉,等.TiN 涂层刀具高速车铣切削性能及磨损机理[J].哈尔滨工业大学学报,2008,40(9):1501-1505.

[11] 黄树涛,姜增辉,贾春德,等.干式高速车铣时金属陶瓷刀具磨损机理研究[J].制造技术与机床,2001(3):35-36.

[12] 刘暐,李晓岩.高速车铣高强度钢刀具磨损的研究[J].新技术新工艺,2008(3):8-9.

[13] 黄树涛,于骏一,姜增辉,等.湿式高速车铣 D60 钢时金属陶瓷刀具的磨损机理[J].吉林工业大学·自然科学学报,2001,31(1):6-9.

[14] 金成哲,贾春德,庞思勤.正交车铣高强度钢刀具磨损的研究[J].兵工学报,2005,26(3):397-400.

[15] 姜增辉,王文凯,任梦羽.高速轴向车铣 TC4 内孔的硬质合金刀具磨损特性[J].组合机床与自动化加工技术,2015(9):28-30.

[16] 张富君,姜增辉,王文凯.切削速度对轴向车铣 TC4 钛合金刀具磨损的影响[J].机械设计与制造,2015(9):125-127.

[17] 石莉,巩亚东,姜增辉.涂层硬质合金正交车铣 TC4 钛合金刀具寿命试验分析[J].工具技术,2015,49(7):15-17.

[18] 石莉,巩亚东,姜增辉.硬质合金正交车铣 TC4 钛合金刀具寿命试验分析[J].制造技术与机床,2015(2):94-96.

[19] 石莉,姜增辉.冷却方式对 H13A 硬质合金切削性能试验分析[J].工具技术,2021,55(3):37-39.

[20] 潘靖宇,徐九华,傅玉灿,等.钛合金 TC9 正交车铣加工表面粗糙度研究[J].南京航空航天大学学报,2014,46(5):720-725.

[21] DENKENA B. New production technologies in aerospace industry [M]. Cham:Springer,2014.

[22] BOOZARPOOR M,TEIMOURI R,YAZDANI K. Comprehensive study on effect of orthogonal turn-milling parameters on surface integ-rity of Inconel 718 considering production rate as constrain[J]. Inter-

national journal of lightweight materials and manufacture,2021,4(2):
145-155.

[23] BERENJI K R,KARA M E,BUDAK E. Investigating high productivity conditions for turn-milling in comparison to conventional turning [J]. Procedia CIRP,2018,77:259-262.

[24] 祝孟琪,徐文骥.车铣复合加工不锈钢细长轴的试验研究[J].机械设计与制造,2015(6):102-104.

[25] 张之敬,刘冰冰,金鑫.基于再生理论的微小型正交车铣颤振[J].清华大学学报(自然科学版),2013,53(5):729-733.

[26] 周敏,张之敬.微小型正交车铣单齿圆周刃理论切削力研究[J].中国机械工程,2009,20(13):1527-1532.

[27] 刘冰冰,张之敬,金鑫.微小型无偏正交车铣加工系统稳定性研究[J].工具技术,2013,47(3):11-14.

[28] 金成哲,李江南,姜增辉,等.基于人工神经网络的微细车铣表面粗糙度预测模型[J].工具技术,2015,49(8):92-95.

[29] 金成哲,陈尔涛.基于车铣复合加工技术的微细丝杠切削研究[J].工具技术,2012,46(1):45-47.

[30] 俸跃伟,纪俐,郝长明,等.偏心车铣削技术在航空发动机机匣加工中的应用[J].沈阳航空航天大学学报,2012,29(4):39-41.

[31] 孙涛,傅玉灿,何磊,等.航空零部件车铣加工技术的应用与发展[J].航空制造技术,2016,59(6):24-32.

[32] 王细洋,朱志坤.大型飞机复杂回转件的车铣复合加工[J].航空制造技术,2015,58(S1):68-72.

[33] CALLEJA A,FERNÁNDEZ A,RODRÍGUEZ A,et al. Turn-milling of blades in turning centres and multitasking machines controlling tool tilt angle[J]. Proceedings of the institution of mechanical engineers, part B:journal of engineering manufacture,2015,229(8):1324-1336.

[34] NING J S,ZHU L D. Parametric design and surface topography analysis of turbine blade processing by turn-milling based on CAM[J]. The international journal of advanced manufacturing technology,2019,104

(9/10/11/12):3977-3990.

[35] 陈艳丽.基于车铣的曲轴精加工技术的研究[D].沈阳:沈阳理工大学,2008.

[36] POGACNIK M,KOPAC J. Dynamic stabilization of the turn-milling process by parameter optimization[J]. Proceedings of the institution of mechanical engineers,part B:journal of engineering manufacture,2000,214(2):127-135.

[37] CHOUDHURY S K,BAJPAI J B. Investigation in orthogonal turn-milling towards better surface finish[J]. Journal of materials processing technology,2005,170(3):487-493.

[38] 金成哲,陈尔涛,徐骁.车铣粗糙度预测模型的建立和分析[J].哈尔滨工业大学学报,2009,41(3):224-226.

[39] NIU Z K,JIAO L,CHEN S Q,et al. Surface quality evaluation in orthogonal turn-milling based on box-counting method for image fractal dimension estimation[J]. Nanomanufacturing and metrology,2018,1(2):125-130.

[40] 姜增辉,贾春德.正交车铣工件表面形成机理的研究[J].机械工程学报,2004,40(9):121-124.

[41] YUAN S,ZHENG W S. The surface roughness modeling on turn-milling process and analysis of influencing factors[J]. Applied mechanics and materials,2011,117/118/119:1614-1620.

[42] ZHU L D,LI H N,WANG W S. Research on rotary surface topography by orthogonal turn-milling[J]. The international journal of advanced manufacturing technology,2013,69(9/10/11/12):2279-2292.

[43] 金成哲,贾春德.正交车铣高强度钢切屑形成机理的研究[J].哈尔滨工业大学学报,2006,38(9):1610-1612.

[44] ZHU L D,LI H N,LIU C F. Analytical modeling on 3D chip formation of rotary surface in orthogonal turn-milling[J]. Archives of civil and mechanical engineering,2016,16(4):590-604.

[45] 朱立达,李虎,杨建宇,等.正交车铣三维切屑理论建模研究[J].东北大

学学报(自然科学版),2012,33(1):111-115.

[46] CRICHIGNO FILHO J M. Prediction of cutting forces in mill turning through process simulation using a five-axis machining center[J]. The international journal of advanced manufacturing technology,2012,58 (1/2/3/4):71-80.

[47] KARAGÜZEL U,UYSAL E,BUDAK E,et al. Analytical modeling of turn-milling process geometry,kinematics and mechanics[J]. International journal of machine tools and manufacture,2015,91:24-33.

[48] KARA M E,BUDAK E. Optimization of turn-milling processes[J]. Procedia CIRP,2015,33:476-483.

[49] 邱文旺,刘强,袁松梅.面铣刀正交车铣加工切屑厚度的计算方法[J]. 北京航空航天大学学报,2015,41(9):1638-1644.

[50] 姜增辉,贾春德.无偏心正交车铣理论切削力[J].机械工程学报,2006, 42(9):23-28.

[51] 朱立达,于天彪,王宛山.正交车铣加工切削力仿真分析[J].兵工学报, 2012,33(4):419-424.

[52] 闫蓉,邱锋,彭芳瑜,等.螺旋立铣刀正交车铣轴类零件切削力建模分析 [J].华中科技大学学报(自然科学版),2014,42(5):1-5.

[53] QIU W W,LIU Q,YUAN S M. Modeling of cutting forces in orthogonal turn-milling with round insert cutters[J]. The international journal of advanced manufacturing technology,2015,78(5/6/7/8):1211-1222.

[54] 朱立达,王宛山,李鹤,等.正交车铣偏心加工三维颤振稳定性的研究 [J].机械工程学报,2011,47(23):186-192.

[55] 关跃奇,魏克湘,张文明,等.高速车铣加工三维颤振的稳定性分析与试验研究[J].振动与冲击,2017,36(4):192-197.

[56] YAN R,TANG X W,PENG F Y,et al. The effect of variable cutting depth and thickness on milling stability for orthogonal turn-milling [J]. The international journal of advanced manufacturing technology, 2016,82(1/2/3/4):765-777.

[57] BAYLY P V,HALLEY J E,MANN B P,et al. Stability of interrupted

cutting by temporal finite element analysis[J]. Journal of manufacturing science and engineering,2003,125(2):220-225.

[58] INSPERGER T,STÉPÁN G. Updated semi-discretization method for periodic delay-differential equations with discrete delay[J]. International journal for numerical methods in engineering, 2004, 61 (1): 117-141.

[59] 秦录芳,孙涛,郭华锋.基于 origin 的正交车铣加工表面粗糙度的仿真研究[J].组合机床与自动化加工技术,2015(10):28-30.

[60] 孙涛,秦录芳,刘成强,等.正交车铣已加工表面宏观形貌的三维图形仿真[J].机床与液压,2021,49(20):159-163.

[61] 潘家华,赵晓明,赵国伟,等.正交车铣表面形貌的计算机仿真[J].上海交通大学学报,2005,39(7):1182-1186.

[62] SUN T,QIN L F,FU Y C,et al. Mathematical modeling of cutting layer geometry and cutting force in orthogonal turn-milling[J]. Journal of materials processing technology,2021,290:116992.

[63] SUN T,QIN L,FU Y,et al. Mathematical model and simulation of cutting layer geometry in orthogonal turn-milling with zero eccentricity[J]. Transactions of Nanjing University of aeronautics and astronautics,2020,37(6):839-847.

[64] 孙涛,秦录芳,侯军明,等.正偏心正交车铣精加工切削层几何形状研究[J].中国机械工程,2020,31(24):2972-2978.

[65] ALTINTAS Y. Manufacturing automation[M]. Cambridge:Cambridge University Press,2012.

[66] WIERCIGROCH M,BUDAK E. Sources of nonlinearities,chatter generation and suppression in metal cutting[J]. Philosophical transactions of the royal society of London series A:mathematical,physical and engineering sciences,2001,359(1781):663-693.

[67] WIERCIGROCH M,KRIVTSOV A M. Frictional chatter in orthogonal metal cutting[J]. Philosophical transactions of the royal society of London series A:mathematical, physical and engineering sciences,

2001,359(1781):713-738.

[68] DAVIES M A,BURNS T J. Thermomechanical oscillations in material flow during high-speed machining[J]. Philosophical transactions of the royal society of London series A:mathematical,physical and engineering sciences,2001,359(1781):821-846.

[69] ALTINTAS Y,WECK M. Chatter stability of metal cutting and grinding[J]. CIRP annals,2004,53(2):619-642.

[70] ALTINTAŞ Y,BUDAK E. Analytical prediction of stability lobes in milling[J]. CIRP annals,1995,44(1):357-362.

[71] BUDAK E,ALTINTAS Y. Analytical prediction of chatter stability in milling,part Ⅰ:general formulation[J]. Journal of dynamic systems, measurement,and control,1998,120(1):22-30.

[72] MERDOL S D,ALTINTAS Y. Multi frequency solution of chatter stability for low immersion milling[J]. Journal of manufacturing science and engineering,2004,126(3):459-466.

[73] ALTINTAS Y,LEE P. Mechanics and dynamics of ball end milling [J]. Journal of manufacturing science and engineering,1998,120(4): 684-692.

[74] ALTINTAS Y,ENGIN S,BUDAK E. Analytical stability prediction and design of variable pitch cutters[C]//Proceedings of ASME 1998 International Mechanical Engineering Congress and Exposition,November 15-20,1998,Anaheim,California,USA. 2022:141-148.

[75] TURNER S,MERDOL D,ALTINTAS Y,et al. Modelling of the stability of variable helix end Mills[J]. International journal of machine tools and manufacture,2007,47(9):1410-1416.

[76] BAYLY P V,MANN B P,SCHMITZ T L,et al. Effects of radial immersion and cutting direction on chatter instability in end-milling [C]//Proceedings of ASME 2002 International Mechanical Engineering Congress and Exposition,November 17-22,2002,New Orleans, Louisiana,USA. 2008:351-363.

[77] INSPERGER T,STÉPÁN G. Semi-discretization method for delayed systems[J]. International journal for numerical methods in engineering,2002,55(5):503-518.

[78] INSPERGER T,STEPAN G. Semi-discretization for time-delay systems: stability and engineering applications[M]. New York:Springer,2011.

[79] DING Y,ZHU L M,ZHANG X J,et al. A full-discretization method for prediction of milling stability[J]. International journal of machine tools and manufacture,2010,50(5):502-509.

[80] DING Y,ZHU L M,ZHANG X J,et al. Second-order full-discretization method for milling stability prediction[J]. International journal of machine tools and manufacture,2010,50(10):926-932.

[81] DING H,BI Q Z,ZHU L M,et al. Tool path generation and simulation of dynamic cutting process for five-axis NC machining[J]. Chinese science bulletin,2010,55(30):3408-3418.

[82] 丁烨. 铣削动力学:稳定性分析方法与应用[D]. 上海:上海交通大学,2011.

[83] LI M Z,ZHANG G J,HUANG Y. Complete discretization scheme for milling stability prediction[J]. Nonlinear dynamics,2013,71(1/2):187-199.

[84] MENG L,LI M Z,LI S J,et al. Stability prediction on mathieu equation of delayed periodic term based on full-discretization method[J]. Applied mechanics and materials,2013,364:197-201.

[85] 王北川,陈利. Al 含量对 TiAlN 涂层结构及性能的影响[J]. 表面技术,2022,51(2):29-38.

[86] 刘鹏. 超硬刀具高速铣削钛合金的基础研究[D]. 南京:南京航空航天大学,2011.

[87] 孙涛,傅玉灿,何磊,等. 损伤容限型钛合金的切削加工性[J]. 上海交通大学学报,2016,50(7):1017-1022.

[88] 党薇,薛祥义,李金山,等. TC21 合金片层组织特征对其断裂韧性的影响[J]. 中国有色金属学报,2010,20(S1):16-20.

[89] SUN T,FU Y C,HE L,et al. Machinability of plunge milling for dam-age-tolerant titanium alloy TC21[J]. The international journal of ad-vanced manufacturing technology,2016,85(5/6/7/8):1315-1323.

[90] AN Q L,CHEN J,TAO Z R,et al. Experimental investigation on tool wear characteristics of PVD and CVD coatings during face milling of Ti6242S and Ti-555 titanium alloys[J]. International journal of refrac-tory metals and hard materials,2020,86:105091.